U1001984

工坊啤酒基础

GONGFANG PIJIU JICHU

曲可夫 蔡国菁 王瑾 郑焕良 编著

山东科学技术出版社
·济南·

图书在版编目（CIP）数据

工坊啤酒基础 / 曲可夫等编著 . -- 济南：山东科学技术出版社，2022.11

ISBN 978-7-5723-1462-9

Ⅰ . ①工…　Ⅱ . ①曲…　Ⅲ . ①啤酒酿造 - 中等专业学校 - 教材　Ⅳ . ① TS262.5

中国版本图书馆 CIP 数据核字 (2022) 第 218891 号

工坊啤酒基础

GONGFANG PIJIU JICHU

责任编辑：赵　旭　宋丽群

装帧设计：孙小杰

主管单位：山东出版传媒股份有限公司

出 版 者：山东科学技术出版社

地址：济南市市中区舜耕路 517 号

邮编：250003　电话：（0531）82098088

网址：www.lkj.com.cn

电子邮件：sdkj@sdcbcm.com

发 行 者：山东科学技术出版社

地址：济南市市中区舜耕路 517 号

邮编：250003　电话：（0531）82098067

印 刷 者：济南华新印务有限公司

地址：济南市济阳区纬二路杨寨居寨北八巷 7 号

邮编：251400　电话：（0531）84211085

规格： 16 开（184 mm × 260 mm）

印张： 10.5　　**字数：** 150 千

版次： 2022 年 11 月第 1 版　**印次：** 2022 年 11 月第 1 次印刷

定价： 48.00 元

前言

FOREWORD

人类酿造啤酒已有数千年的历史。早在古埃及时代，金字塔的兴建就能看到啤酒的身影。中世纪欧洲修道院的僧侣们，平日要靠酿酒维持生活开销。德国巴伐利亚联邦在1516年颁布《啤酒纯酿法》，规定啤酒只能使用麦芽、啤酒花、酵母与水来酿造。

近几十年来，随着啤酒文化的复兴，特别是人们生活水平的不断提高，消费者对啤酒口味的要求越来越高，工坊啤酒的迅猛发展恰好为消费者提供了种类繁多、口味迥异的啤酒。

青岛商务学校的前身是青岛食品学校，1987年开始开设啤酒发酵专业，1999年与青岛啤酒集团合作成立了青岛啤酒学校。30多年来，学校培养了1 000多名啤酒发酵专业的优秀人才，许多毕业生已成为青岛啤酒酿造行业的领军人物。学校1990届啤酒发酵专业优秀毕业生柳建厚，是青岛啤酒股份有限公司酿造部工段长、首席技师，被评为青岛市劳动模范、齐鲁工匠、青岛市十大工匠、国务院政府津贴获得者。学校2002届毕业生朱蕾，是青岛啤酒股份有限公司质量控制部品评管理主管，被评为全国技术能手、第二届全国啤酒品酒职业技能竞赛亚军、第三届全国啤酒品酒职业技能竞赛冠军、国家级啤酒评酒委员、首届中国国际啤酒挑战赛评委、国家高级品酒师，荣获齐鲁首席技师、青岛市劳动模范、青岛市首席技师、山东省富民兴鲁劳动奖等称号。

随着啤酒工业的科技发展、技术进步及产业结构的变化，啤酒生产新技术、新工艺、新设备、新材料、新方法、新标准等不断涌现，啤酒酿造行业对从业人员的要求也越来越高。

为帮助啤酒酿造爱好者以及学生更好地了解工坊啤酒，我们编写了《工坊啤酒基础》。本书共分为八个项目：初识工坊啤酒、深入了解原料、熟悉酿酒设备、开始酿造啤酒、包装啤酒技术、评鉴工坊啤酒、开设啤酒工坊和研发工坊啤酒。本书具有很强的实践性、操作性和专业性，既可作为啤酒酿造专业的教材，也可供啤酒酿造爱好者和工坊啤酒创业者参考。

《工坊啤酒基础》以“做中学”为指导思想，以工作过程为导向，以职业技能为核心，以典型工作任务为载体，汇集理论知识、操作技能和职业素养于一体，按照啤酒酿造师的国家职业标准和啤酒工坊的相关职业岗位任职要求来构建体系，以现代学徒制的模式来选择内容并以项目的形式呈现。

通过本书的理论学习与技能训练，既可以让读者了解工坊啤酒生产的基本原理、工艺过程、操作技术及质量控制方法，掌握典型设备的结构、工作原理、性能特点、操作要点、选用及保养方法，又能灵活运用所学知识与技能分析、解决啤酒生产中的一般性技术问题，同时弘扬工匠意识、职业意识和责任意识。

本书涉及面广、针对性强，在使用过程中可根据学习目标及实操条件有针对性地进行学习。学习过程要注意深入浅出、注重应用、突出实践。为了便于学习，每个项目均设置了项目目标，并结合生产实际设计一定数量的职业情境、看一看、想一想和小贴士。

本书编写过程中得到了许多专家的大力支持和帮助，引用和借鉴了一些已发表的文献资料，李晴、刘一帆、邓荣华、刘梦真四位同志为本书内容编写提供了宝贵意见，在此向相关作者和提供过帮助的同志表示感谢。

由于编者水平有限，不妥之处在所难免，敬请广大读者批评指正。

编 者

2022 年 8 月

目 录

CONTENTS

项目一
初识工坊啤酒

项目目标

1. 初识啤酒：啤酒的定义和历史，了解啤酒工业发展现状及趋势。
2. 了解工坊啤酒的特点。
3. 知道啤酒的分类和常见的啤酒种类。
4. 简单了解啤酒生产工艺流程。

任务一　啤酒的起源与发展

职业情境

青岛是啤酒之城，目前青岛国际啤酒节（图 1–1）已经举行 29 届，你知道啤酒的起源吗？

图 1–1　青岛国际啤酒节

一、啤酒起源

啤酒是一种以麦芽、水为主要原料，加啤酒花、酵母发酵酿制而成的，含有二氧化碳，起泡、低酒精度的发酵酒，是世界上最古老的三种酿造酒（葡萄酒、啤酒、黄酒）之一。其主要成分有酒精、碳水化合物、维生素、矿物质和二氧化碳等。

人类目前可考的、最早的酒精发酵痕迹，出现于公元前 7 000 年的新石器时代。

在美索不达米亚平原（今伊拉克地区）的游牧狩猎者们种植一种古老的谷物，被认为是早期用来酿酒的原料。两河流域的苏美尔人（之后的古巴比伦），不止一次将啤酒写入自己的诗歌。在他们赞美酒神宁卡西的诗中，甚至详细描述了一种古老啤酒的配方，使用双层大麦面包加水发酵。

古巴比伦的泥板上详细记录了用谷物制作酒精饮料的方法，如图 1–2 所示。

图 1–2　古巴比伦的泥板

距今 4 000 年前，古巴比伦国王汉谟拉比颁布了《汉谟拉比法典》。在《汉谟拉比法典》中，对啤酒与酿酒师都有严格的法律规定。

公元 8 世纪人们开始用啤酒花酿造啤酒，这才有了“现代”啤酒。1516 年，德国巴伐利亚联邦的威廉四世大公颁布了《啤酒纯酿法》，该法令规定，啤酒酿造只允许用麦芽、啤酒花、水和酵母四种原料，这也与现代的工坊啤酒理念不谋而合。该法令直到 1906 年才被推广到德国其他地区。

二、中国啤酒历史

中国古代对啤酒发展亦有贡献。中国对五谷早有记载，《孟子》中就对“稻、黍、稷、麦、菽”有记录。在距今 7 000 年前的贾湖遗址，就曾出土有麦芽发酵痕迹的陶罐等酿酒用品，与中亚地区的考古发现遥相呼应，说明中国也是啤酒的一个重要发源地。

19 世纪，以工业化方法生产现代啤酒的酿造技术从西方传到了中国，并逐渐传播起来，一批啤酒厂应运而生。1900 年，哈尔滨建立了中国最早的啤酒厂——乌卢布列夫斯基啤酒厂（前哈尔滨啤酒厂）。1903 年，英德合资在青岛开办了英德酿酒有限公司（前青岛啤酒厂）。1904 年，在哈尔滨出现了第一家中国人开办的啤酒厂——东北三省啤酒厂。中华人民共和国成立前夕，不论是外国人开办的啤酒厂还是中国人自己经营的啤酒厂，总数不过十几家，产量不大，品种很少，当时全国啤酒总产量每年仅有 7 000 kL。

三、世界啤酒工业发展

21 世纪以来，世界啤酒产量总体呈上升趋势。其中 1998—2004 年上升较为缓慢，2004—2008 年上升幅度较大，2008—2010 年世界啤酒产量维持在 1.82×10^9 kL，2010 年至今上升幅度较为平缓，2017 年为 1.98×10^9 kL。2014 年部分国家啤酒年总产量见表 1-1。

表 1-1　2014 年部分国家啤酒年总产量　单位：kL

国家	产量	国际排名	国家	产量	国际排名
中国	$4\,493\times10^4$	1	俄罗斯	763×10^4	6
美国	$2\,254\times10^4$	2	日本	546×10^4	7
巴西	$1\,414\times10^4$	3	英国	412×10^4	8
德国	956×10^4	4	波兰	398×10^4	9
墨西哥	820×10^4	5	越南	389×10^4	10

四、中国啤酒工业发展

（一）中国啤酒工业发展现状

1900—1949年为初创期，年产量小，原材料大多依赖进口，生产技术由西方掌握。1957—1966年为独立发展期，年产量逐渐增大，青岛、北京、新疆等地开始种植啤酒花，实现酒花自给。1979—1988年为高速发展期，年产量为656.40×10^4 kL，全国出现“啤酒热”，啤酒建厂得到重视。1993年超越德国，全国年产量跃居世界第二位。2002年啤酒总产量超过美国达到2 386.83×10^4 kL，居世界第一位，成为名副其实的啤酒大国。

（二）中国啤酒工业未来的发展趋势

1. 啤酒消费量将进一步提高

虽然中国是啤酒生产大国，总产量已稳居世界第一，2014年人均消费34.2 L，达到世界平均水平33 L以上，但与部分国家相比还存在一定的差距，2014年部分国家啤酒人均消费量见表1–2。中国又是世界上人口最多的国家，因此未来啤酒的消费市场空间很大。

表1–2　2014年部分国家啤酒人均消费量　单位：L

国家	人均消费量	国家	人均消费量
捷克	143	爱尔兰	93
德国	110	罗马尼亚	90
奥地利	108	立陶宛	89
爱沙尼亚	104	比利时	81
波兰	100	中国	34.2

2. 啤酒企业在高端啤酒布局

虽然近年国内啤酒销量呈现持续下降的趋势，但中高端品牌啤酒的销量却持续增长，众多企业纷纷开始谋划高端啤酒，国内啤酒的高端化路线越演越烈。面对高端啤酒市场风起云涌的现状，未来啤酒啤酒的结构将从金字塔形向橄榄形过渡，即低档萎缩、中档增加、高端部分继续拉长。

3. 啤酒品种多样化

啤酒新品种趋向特色型、风味型、轻快型、保健型、清爽型等。不同类型的啤酒将满足不同年龄、不同层次的消费者需要。

任务二 工坊啤酒的概念

职业情境

你了解工坊啤酒吗？工坊啤酒有什么特点？

一、什么是工坊啤酒

工坊啤酒是指规模小且独立啤酒商使用上好的原料和传统的方法生产出来的啤酒，如图 1–3 所示。有人这样定义工坊啤酒：好喝的啤酒、小规模酿造的啤酒、酿造的过程具有工匠精神的啤酒。

图 1–3　工坊啤酒

美国酿酒商协会将工坊啤酒命名为 Craft Beer。工坊啤酒需要具备以下三个必需条件：第一，生产规模小；第二，拥有独立经营权；第三，传统工艺酿造。酿造者所酿造啤酒的风味大部分应该从传统的或者创新的原料与发酵工艺中获得。

工坊啤酒最重要的是能带给饮用者愉悦的感觉，代表的是一种工匠的态度、创新的热情和对品质的追求。

与工坊啤酒相比，我们称市面上常见到的啤酒为商业啤酒或者工业啤酒，商业型啤酒的风味并不突出，但规模产量大且品质稳定。

二、工坊啤酒的特点

（一）原料配比精良

工坊啤酒采用纯麦芽酿造，基本不用辅料，对质量要求严格。又在原料品种选择上灵活多变，尝试不同原料的搭配。通过不同的麦芽、酒花、酵母的组合生产出风味独特的啤酒。

（二）生产工艺精湛

根据原料配比不同及所需风味不同，设计有针对性的糖化、发酵工艺，使升温程序、煮沸时间、酒花添加以及发酵温度、压力的调整上灵活变化，从而使啤酒的风味复杂多变。

（三）口感风味精细

精良的原料和精湛的工艺致使工坊啤酒的风味独特精细，在麦香的基础上还呈现花香、果香以及特种麦芽和酒花的风味，甚至特殊原料的风味。工坊啤酒的饱满度高、层次感强，这些都是工业啤酒望尘莫及的。

工坊啤酒可以用“四个度”来衡量。

1. 饱和度

饱和度指原料品种的特点、特色明显。

2. 纯净度

纯净度指气味、酒体纯正，没有异杂味。

3. 平衡度

平衡度指各种风味间的平衡、协调，不应有尖锐、不协调的风味出现。

4. 适饮度

虽说众口难调，但工坊啤酒的适饮度是其综合品质的表现，也是消费者自我口感的要求。很多消费者欣赏工坊啤酒的醇美，如图 1–4 所示。

图 1-4 优质世涛

三、工坊啤酒对原料的要求

（一）优良麦芽的选择

工坊啤酒的特征在于风味和类型的多样性，为此，它们需要高质量的特种麦芽。

（二）多样化的酒花品种

工坊啤酒根据需要采用不同类型的酒花品种，如酒花颗粒、酒花浸膏和酒花油等。

（三）优质的酵母

目前工坊啤酒使用最多的干酵母主要有：弗曼迪斯酵母、拉曼酵母、怀特纯酵母和国产的安琪啤酒酿造酵母等。这些高活性干酵母，为酿造高质量的啤酒提供了重要的保障。

小贴士

中国国际工坊啤酒会议暨展览会（CBCE）2017 年开始在上海举办。展会内容涵盖工坊啤酒生产技术、工坊市场商业拓展、酒吧运营经验等，会议极大地推动了中国工坊啤酒的发展。

任务三　工坊啤酒的分类

职业情境

你见过哪些类型的啤酒？了解它们的特点吗？

一、按啤酒的色泽分类（图 1–5）

图 1–5　各色啤酒

（一）淡色啤酒

淡色啤酒的色度为 2~14 EBC，是产量最大的啤酒品种，约占 98%。色度在 7 EBC 以下的为淡黄色啤酒，色度在 7~10 EBC 的为金黄色啤酒，色度在 10~14 EBC 的为棕黄色啤酒。

淡色啤酒的口感特点是：酒花香气突出，口味爽快、醇和。

（二）浓色啤酒

浓色啤酒的色度为 15~40 EBC，色泽呈红棕色或红褐色。色度在 15~25 EBC 的为棕色啤酒，色度在 25~35 EBC 的为红棕色啤酒，色度在 35~40 EBC 的为红褐色啤酒。

浓色啤酒的特点是：麦芽香气突出，口味醇厚，酒花苦味较轻。

（三）黑色啤酒

黑色啤酒的色度为大于或等于41 EBC，色泽呈深红褐色至黑褐色。

黑色啤酒的特点是：原麦汁浓度较高，焦糖香味突出，口味醇厚，泡沫细腻，酒花苦味较重。

（四）白色啤酒

白色啤酒是以小麦芽为主要原料生产的。酒液呈白色、清凉透明，酒花香气突出，泡沫持久。

小贴士

色度：色度是衡量啤酒质量好坏的重要感观指标之一。

原麦汁浓度：指发酵前原料中麦芽汁的糖度。

杀口力：是啤酒中的二氧化碳从酒液中释放，对舌头、口腔的一种刺激感觉。

二、按啤酒的发酵状态分类

（一）上面发酵啤酒

上面发酵啤酒是以上面酵母进行发酵的，发酵结束后酵母上升到发酵液的表面，啤酒的发酵温度较高。典型的有小麦啤酒和白啤酒。

（二）下面发酵啤酒

下面发酵啤酒是以下面酵母进行发酵的，发酵结束时酵母沉积于发酵容器的底部，形成紧密的酵母沉淀，其适宜的发酵温度比上面酵母低。目前国内市场上绝大多数商业啤酒都属于下面发酵啤酒。

三、按啤酒的原麦汁浓度分类

（一）低浓度啤酒

低浓度啤酒的原麦汁浓度小于7°P。

（二）中浓度啤酒

中浓度啤酒原麦汁浓度为7~11°P。

（三）全啤酒

全啤酒原麦汁浓度为11~14°P。

（四）强烈啤酒

强烈啤酒原麦汁浓度大于16°P，多为浓色或黑色啤酒。

四、按啤酒过滤杀菌分类

（一）原浆啤酒

啤酒没有过滤和巴氏灭菌或高温瞬时灭菌的新鲜啤酒，保质期短，新鲜度高。

（二）鲜啤酒

啤酒过滤包装后，不经过巴氏灭菌或高温瞬时灭菌的新鲜啤酒。鲜啤酒因未经灭菌，保存期较短。鲜啤酒存放时间与酒的过滤效果、无菌条件及储存温度有关，在低温下一般可存放7天左右。

（三）纯生啤酒

啤酒不经过巴氏灭菌或高温瞬时灭菌，而采用物理过滤（微薄膜过滤）方法除菌，达到一定生物稳定性的啤酒。纯生啤酒具有蔗糖转化酶活力。纯生啤酒的特点是口味新鲜、纯正、淡爽、稳定性好，保持期可达到半年以上。

（四）熟啤酒

熟啤酒是指经过过滤和巴氏灭菌或高温瞬时灭菌的啤酒。包装形式多为瓶装和听装。保质期较长，可达到6个月。

五、按啤酒生产原料分类

（一）全麦啤酒

原料全部采用大麦芽，不添加任何其他谷物。全麦芽啤酒成本较高，但麦芽香气突出。

（二）小麦啤酒

以小麦芽（占麦芽的40%以上）为主要原料，具有小麦麦芽经酿造所产生的特殊香味，泡沫丰富、细腻，苦味较轻。

六、按啤酒生产工艺分类

有些啤酒在生产工艺方面进行了重大调整，使其改变了原有啤酒的风味，成为独具风格的啤酒。

（一）干啤酒

干啤酒是指啤酒的真正发酵度在 72% 以上的淡色啤酒。此啤酒发酵度高，含糖低，二氧化碳含量高。具有口味干爽、杀口力强的特点。干啤酒属于低糖、低热量啤酒，适宜于糖尿病患者饮用。

（二）低醇啤酒

酒精度为 0.6%~2.5% vol 的啤酒即为低醇啤酒。

（三）无醇啤酒

酒精度小于或等于 0.5%vol，原麦汁浓度大于或等于 3°P 的啤酒为无醇啤酒。

（四）冰啤酒

冰啤酒是指经冰晶化工艺处理，浊度小于等于 0.8 EBC 的啤酒。即将过滤前的啤酒经过专门的冷冻设备进行超冷冻处理，冷冻至冰点以下，使啤酒出现微小冰晶，然后将大冰晶过滤掉。通过冷冻处理可解决啤酒冷浑浊和氧化浑浊问题。处理后啤酒浓度和酒精度并未增加很多，但是酒液更加清亮、新鲜、柔和、醇厚。

任务四 工坊啤酒生产工艺

职业情境

工坊啤酒是以麦芽为原料，经麦汁制备，添加酒花煮沸并经酵母发酵酿制而成的，含有二氧化碳、细腻的泡沫、具有清爽的酒花香气和苦味。

工坊啤酒生产工艺图，如图 1–6 所示。

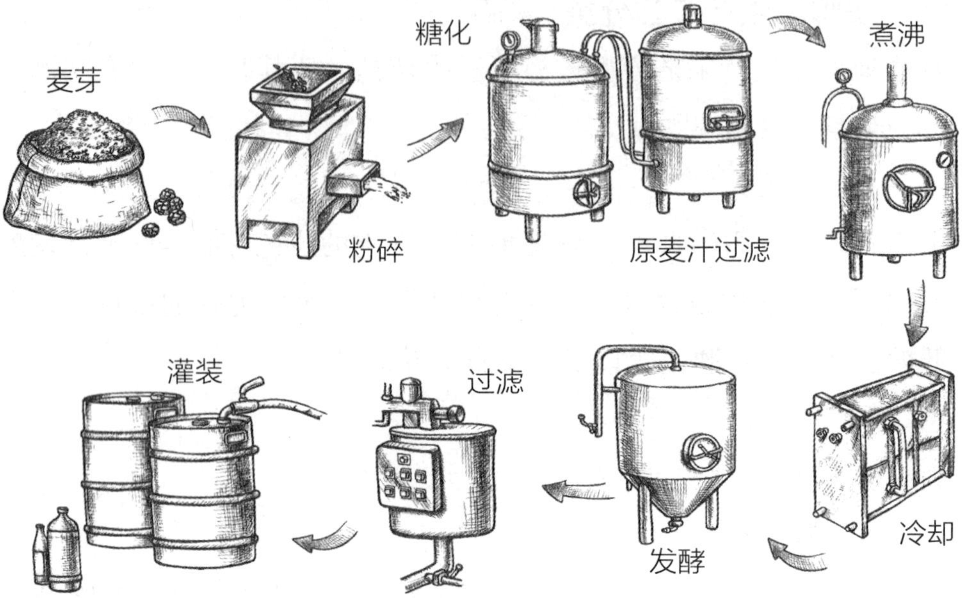

图 1–6　工坊啤酒生产工艺

一、工坊啤酒酿造的基本工艺

（一）麦芽粉碎

用粉碎机将麦芽粉碎。

（二）糖化

将粉碎的麦芽，加入糖化锅与水混合一段时间，使麦芽粉吸水膨胀，让麦芽醪液先进行蛋白质分解，将蛋白质转化成更易溶解的分解产物。然后，将温度升至 65℃左右，并在此温度下保持一定时间进行糖化。

（三）原麦汁过滤

糖化结束后，将糖化醪液升温至 76~78℃，使醪液中各种成分的相对比例基本固定下来。然后把糖化醪液进行过滤，待第一麦汁滤出后，泵入洗糟水，将麦糟中的残留糖分洗出。

（四）煮沸

把过滤得到的洗糟水和第一麦汁混合于煮沸锅中，煮沸 60~90 min。在煮沸过程中添加酒花或其制品，使其中的有效成分溶解出来，同时对麦汁进行了杀菌。麦汁经煮沸后，进入回旋沉淀槽，分离掉酒花糟和热凝固物，经过板式换热器，使其进一步冷却至发酵所需温度，进入发酵罐。

（五）发酵

麦汁加入发酵罐后迅速添加酵母，进入发酵阶段。啤酒发酵通常分为两个阶段。第一个阶段为前发酵，下面发酵啤酒起始温度相对较低，为7~10℃，需6~10天；而上面发酵啤酒起始温度相对较高，为16~22℃，需3~7天。前发酵结束时，酵母沉降下来，将其排出。

将前发酵嫩啤酒留在罐内，在0℃左右低温下进行后发酵，使其进一步澄清、后熟和二氧化碳饱和。后发酵的时间随所用菌种、后发酵温度及所酿啤酒品种的不同而有差别，短则仅7天左右，长则达1~3个月。

（六）过滤和灌装

将成熟啤酒用啤酒过滤机进行过滤后，即可灌装得到成品啤酒。传统桶装啤酒不经灭菌即为鲜啤酒，桶装啤酒最好采用冷链销售，这是目前保持啤酒口味最佳的一种方式。瓶装啤酒或罐装啤酒在灌装后进行巴氏灭菌，或者在灌装前进行无菌过滤，保质期在6个月左右。

二、啤酒酿造过程与啤酒质量的关系

啤酒生产的每一环节对啤酒的质量都有一定的影响，如图1–7所示。根据经验麦芽质量对啤酒质量的影响约占43%，麦汁制备过程对啤酒质量的影响约占17%，主发酵过程对啤酒质量的影响约占30%，后发酵、过滤、灌装过程对啤酒质量的影响约占10%。

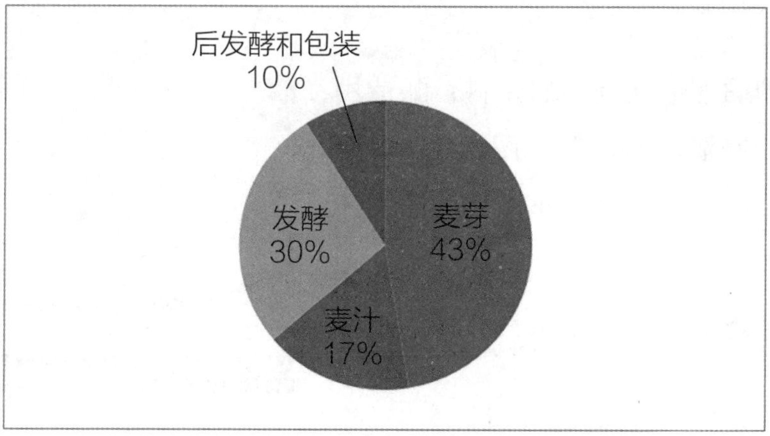

图1–7 啤酒酿造环节对啤酒质量的影响比例

项目二

深入了解原料

项目目标

1. 知道工坊啤酒酿造的主要原料，了解原材料的选择。
2. 了解啤酒酿造用水的处理。
3. 知道麦芽的种类、特点和质量标准。
4. 知道酒花的分类及其在啤酒酿造过程中的作用。
5. 简单了解酵母。

工坊啤酒由四种原料所构成，即水、麦芽、酒花与酵母。数百年来，世界各地的酿酒师凭借着这四种原料酿造出颜色各异、香气与风味各有特点的啤酒。下面我们将一一介绍水、麦芽、酒花和酵母。

任务一 酿造用水

水是啤酒酿造最重要的原料，酿造用水被称为“啤酒的血液”（图 2–1）。酿造水质不仅决定着啤酒的质量和风味，还直接影响着酿造的全过程。因此，正确地认识和合理地处理酿造用水具有极为重要的意义。

图 2–1 水

职业情境

在不同城市中，同一啤酒厂出产的啤酒口味是一样的吗？

一、啤酒风味与酿造用水

在啤酒的生产过程中，酿造用水是啤酒最主要的原料，约占啤酒的95%。水还被用于清洗设备和管道、冷却、产生蒸汽等。酿造1 kL啤酒，由于工艺的差别，通常需要水3~6 kL。

啤酒酿造用水主要包括糖化用水和洗糟用水。由于酿造用水直接参与啤酒生产过程中的生物化学反应，同时也是麦汁的组成成分，因此酿造用水的质量对啤酒酿造过程及啤酒质量、风味有着十分重要的影响。

世界各地啤酒的风味常常由当地供水的化学成分所决定。如果希望再现某种特定的啤酒风味，只有“复制”那个地区的水，才能达到目的。啤酒生产过程中，麦芽、酒花、酵母、配方和生产工艺都可以复制，但是水不可能完全复制。例如，捷克皮尔森地区水质较软，几乎不含矿物质成分，所以酿出经典的皮尔森啤酒。相反，在爱尔兰的都柏林，水质很硬、水的pH值也偏高，这样的水与重度烘烤麦芽的酸中和后，酿出独树一帜的世涛啤酒。

小贴士

水的硬度：指溶解在水中的盐类物质含量。

硬度的表示方法：总硬度（以$CaCO_3$计），单位为毫克每升（mg/L）。

二、酿造用水的要求

啤酒酿造用水除了必须符合饮用水标准外，还要满足啤酒生产的要求。

（一）颜色与透明度

酿造用水应无色透明，无悬浮物、无沉淀物，否则将影响麦芽汁的浊度，啤酒容易发生浑浊或沉淀。

（二）气味和口味

将水加热到20℃用口尝应有清爽的感觉，无异味、无异臭，如有咸味、苦味、涩味则不能采用。

（三）总溶解盐类

总溶解盐类应在150~200 mg/L，含盐量过高会导致啤酒口味粗糙、苦涩。

（四） pH值

pH值应在6.8~7.2，偏碱或偏酸都会造成糖化困难，使啤酒口味不佳。

（五）总硬度

生产淡色啤酒用水的总硬度应在8 d以下。若生产浓色啤酒，水的硬度可适当高些。

三、酿造用水的常见处理方法

如果酿造用水的水质不能达到要求，常见的处理方法有以下5种方法。

（一）加石灰水法

酿造淡色啤酒时，通常采用加石灰水法处理碳酸盐硬度较高（8 d以上）而永久硬度较低的酿造用水。

（二）加石膏法

石膏可以降低水的碱度。用加石膏法处理酿造用水时应注意：石膏要加到水中，不要加到麦汁中；含硫酸钙硬度高的水，应少加或不加。

（三）加酸法

加酸可以降低碳酸氢盐所形成的碱度，使水的残余碱度降低。同时降低麦芽汁的pH值，使糖化操作能够顺利进行。

常用的酸的种类有乳酸、磷酸、盐酸或硫酸，大部分工厂用乳酸调节水的pH值。因为乳酸的口味醇和，也比较经济。

（四）煮沸法

将水煮沸可以使部分可溶性的碳酸氢盐分解为不溶性的碳酸盐和二氧化碳，以降低水的暂时硬度。将所需的糖化水置于煮沸锅中，只需加热至

80℃，开动搅拌或泵送循环，通入压缩空气，排除游离的二氧化碳，便足以使碳酸盐分解，在容器底部形成碳酸钙等沉淀，然后将热水泵入热水贮罐或在原煮沸锅中静置。

（五）离子交换法

离子交换法是利用离子交换树脂中所带的离子与水中溶解的一些带相同电荷的离子之间发生的交换作用，除去水中过高和不利于酿造的离子。

四、酿造用水的消毒与杀菌

水的杀菌是指杀灭水中的致病菌，并非将所有微生物全部杀死。水杀菌的方法很多，目前常用的方法有氯杀菌、臭氧杀菌及紫外线杀菌等。

任务二 麦 芽

麦芽又被称作“啤酒的骨架”，这是因为四种啤酒原料中只有麦芽能影响成品啤酒风味的每个方面，包括颜色、香气、酒体、平衡感以及尾韵。一杯工坊啤酒的所有特征都看得到麦芽的影子。工坊啤酒使用的主要原料是麦芽，麦芽是指发了芽的大麦，经过了这个程序才能拿来酿造啤酒，没有发芽的大麦是不能拿来酿酒的。

一、认识麦芽

（一）大麦（图 2-2）

大麦是啤酒酿造中制造麦芽最常见的谷物。它有较高的天然酶含量，所以可发酵糖的机会大。此外，小麦和黑麦也在啤酒酿造中也得到广泛使用。根据麦秆上谷粒排列的不同，大麦分为三种：二棱大麦、四棱大麦和六棱大麦。其中二棱大麦使用最多，因为它蛋白质含量低，可以产生更多的发酵糖。

（二）制成麦芽（图 2-3）

麦芽一般在麦芽生产车间进行制作。首先将大麦浸泡在水中，使其吸收水分并开始发芽。当根部足够大时，将麦芽置于暖风中晾干，阻止其进一步生长，然后去除根部。一旦根部去除完毕，麦芽需要经过烘烤以获得不同种类的麦芽。烘烤温度越高，麦芽颜色越深，口味也越强烈。轻度烘烤的麦芽酶活力高，在糖化过程中，与热水混合后，可以产生大量可发酵糖。如果重度烘烤，则酶活力低，几乎不产生可发酵糖。通过这些麦芽，可以使啤酒获得不同的色泽、风味和香气。

图 2–2　大麦

图 2–3　麦芽

二、麦芽的感官鉴定方法与常用理化指标

（一）麦芽的感官鉴定方法

一般情况下，我们可以从麦芽的外观、色泽和香味等方面综合进行鉴定。

1. 外观

除根干净，不含杂草、杂谷、尘埃、霉粒、伤残粒及未发芽颗粒。

2. 色泽

淡黄色而有光泽。绿色、黑色或红色为发霉麦芽。

3. 香味

纯正具有麦芽香。应与麦芽类型相符合，浅色麦芽香味弱些；深色麦芽香味浓些，并有类似面包味道。不得有霉味、酸味、潮湿味和烟熏味。

（二）麦芽的常用理化指标

1. 千粒质量

千粒质量高，则浸出物含量高。麦芽千粒质量一般为 28~38 g。

2. 百升质量

百升质量可反映麦芽松脆程度和溶解好坏，一般为 46~60 kg。若麦芽溶解和干燥良好，则百升质量低于 55 kg，短麦芽和尖麦芽为 60 kg 左右。

3. 沉浮试验

沉降比例是衡量麦芽溶解好坏的一项重要指标。麦芽溶解越好，相对密度越小，沉降部分就越少，因为溶解好的麦芽体积大、孔隙多，不易沉淀。沉浮试验的评价方法：沉降部分 <10%，对麦芽质量评价为很好；沉降部分为 25%~50%，对麦芽质量评价为满意；沉降部分 >50%，对麦芽质量评价为不好。

4. 水分

因为麦芽质量标准规定含水量低于 5%，麦芽在储藏过程中吸收水分 0.5%~1%。所以麦芽干燥后浅色麦芽水分应低于 4%，深色麦芽水分应低于 2%。

三、麦芽的质量标准

（一）感官要求（表 2-1）

淡色麦芽：淡黄色、有光泽，具有麦芽香味，无异味、无霉粒。

黑色麦芽：具有麦芽香味及焦香味，无异味、无霉粒。

表 2-1　　麦芽的感官指标

等级	一等	二等	三等
标准	麦芽香气突出，无异杂味，口感纯净、协调、清亮	麦芽香气好，口感纯净、比较协调、清亮	麦芽香气一般，轻微异杂味，口感较纯净，轻微浑浊

（二）理化指标（表 2-2）

表 2-2　　麦芽常用理化指标

类别	优级	一级	合格
夹杂物 / %	≤ 0.5	≤ 0.8	≤ 1
水分 / %	≤ 5	≤ 5	≤ 5
转化时间 /min	≤ 10	≤ 15	≤ 20
煮沸色度 / EBC（淡色）	≤ 8	≤ 10	≤ 10
浸出物含量 / %（淡色烘干）	79	76	73
粗细粉差 / %（淡色）	2	3	4

四、麦芽的种类

因为烘焙的温度与方法不同，麦芽大致可分为下列三类：基础麦芽、焦香麦芽与黑麦芽。各种麦芽如图 2-4 所示。

皮尔森麦芽　　黑麦芽　　小麦芽

图 2-4　各种麦芽

（一）基础麦芽

酿酒师提到麦芽时大多是指大麦芽，但从基础麦芽的分类来看，小麦芽、燕麦芽都包含在其中。顾名思义，基础麦芽是构成麦芽配方的基石，通常以最大比例被使用，基础麦芽也是麦汁中糖类的最主要提供者。其中的糖化酶在低温干燥的过程中，会被完整保留下来，这使得基础麦芽除了能分解自身的淀粉外，还能帮助糖化分解其他特殊麦芽内的淀粉。代表性的麦芽有皮尔森麦芽、大麦芽、小麦芽、裸麦芽。

皮尔森麦芽与大麦芽是使用最多的基础麦芽，它们两个品种很相近，差别只在于烘焙浅（皮尔森麦芽）与稍深（大麦芽）。由于风味与颜色接近，常常会拿来互相取代。

小麦芽会给啤酒带来麦香风味、清爽酒体与口腔包覆感。蛋白质的含量高会造成啤酒的浑浊外观，这也是小麦啤酒的一大特色。很多啤酒会视外观浑浊为大敌，但唯独小麦啤酒把这种白浊的外观视为必要特征。另外高蛋白含量对啤酒泡沫的维持也有帮助。德国小麦啤酒一般会用到 50%~70% 的小麦芽。

（二）焦香麦芽

根据颜色的不同，焦香麦芽可分为深色焦香麦芽、浅色焦香麦芽。焦香麦芽主要有以下作用：调节啤酒的酒体，提高啤酒的醇厚性和麦芽香；改善啤酒的泡沫性能；赋予啤酒苦味；调节啤酒色泽。

（三）黑麦芽

黑麦芽多用于制造浓色啤酒和黑啤酒，以增加啤酒色度和焦苦味，使用量为总投料量的 5%~15%。

五、麦芽的储存

（一）袋装储存

采用袋装储存，应下置垫板，四周离墙 1 m 左右，堆高不超过 3 m。因为与空气接触面积大，容易吸收水分，所以储存期不宜过长。

（二）储存环境

储存环境温度不超过 20℃，以防麦芽温度过高，发霉变质。储存时按质量等级分别储存，避免空气和潮气渗入。按时检查麦芽温度和水分变化，干麦芽储存回潮水分不宜超过 9%。同时注意防治虫害。

六、常见的麦芽（表 2–3）

（一）皮尔森麦芽

1. 特性

色度为 2.5~3.5 EBC，最浅色的皮尔森麦芽，由最优质的欧洲大麦制成。干燥炉烘干温度为 80~85℃。

2. 特征

皮尔森麦芽颜色最浅，这种麦芽可以轻易地捣碎并在特定温度的浸泡下制成麦芽浆。皮尔森麦芽带有一股强烈的麦芽甜味并有充足的糖化力。

3. 用途

适合酿制所有类型的啤酒。

（二）淡色麦芽

1. 特性

色度为 7~9 EBC，干燥炉烘干温度为 90~95℃。

2. 特征

淡色麦芽通常用作基础麦芽或配合皮尔森麦芽一起酿制，能令啤酒有较浓郁的麦芽味道和更深的啤酒颜色。因自身颜色，它赋予了麦芽汁金黄的颜色。通常配合发酵力较强的酵母一起酿制琥珀啤酒和苦啤酒。跟皮尔森麦芽相比，淡色麦芽干燥炉烘干时间较长，步骤也较彻底。淡色麦芽的糖化力足够，能跟一些不带酶的特种麦芽产生化学作用。

3. 用途

适合酿制淡色啤酒、苦型啤酒和大部分的传统英式啤酒。

（三）黑色麦芽

1. 特性

色度为 1 500 EBC，1 500 EBC 的麦芽是颜色最深的酿酒大麦麦芽。干燥炉烘干温度高达 230℃。

2. 特征

更能产生强烈的味道，有效提升啤酒的香味特征，自身有轻微的烧焦或烟熏味道。

3. 用途

适合酿制深颜色的啤酒、黑啤酒和烈性黑啤酒。

（四）白小麦麦芽

1. 特性

色度为 3.5~5 EBC，干燥炉烘干温度为 80~85℃。

2. 特征

白小麦麦芽是酿制小麦啤酒的必要材料，加强了小麦啤酒的特有味道。也常添加35%用于大麦酿制的啤酒，因为它可以丰富口感和加强泡沫的稳定性。

3. 用途

适合酿制小麦啤酒、白啤酒、淡啤酒、低醇或无醇啤酒。

（五）咖啡麦芽

1. 特性

色度为250~500 EBC，干燥炉烘干温度高达200℃。

2. 特征

咖啡麦芽给予啤酒一股坚果及淡淡的咖啡味道和香味，也加深了啤酒的颜色。

3. 用途

适合酿制烈性黑啤酒、黑啤酒、苏格兰啤酒、比利时黑啤酒，也有少量用于棕色啤酒以提供鲜烘咖啡的香味。

（六）巧克力麦芽

1. 特性

色度为900 EBC，干燥炉烘干温度为220℃，注意达到所需颜色后要快速冷却。

2. 特征

巧克力麦芽是一种深度烘焙的深棕色麦芽。它常被用作调制啤酒的颜色并带有一种坚果、烤焗的味道。巧克力麦芽和黑色麦芽有很多的共同点，但它比黑色麦芽甜且色度比黑色麦芽约低200 EBC，这是因为它的烘干时间较短、温度较低。

3. 用途

适合酿制黑啤酒、烈性黑啤酒和棕色啤酒。

（七）结晶麦芽

1. 特性

色度为100~150 EBC。

2. 用途

适合酿制比利时爱尔啤酒和德国淡色啤酒、黑色啤酒。

表 2–3 常见麦芽

名称	描述	色度（EBC）	能否糖化	最大添加量
皮尔森麦芽	强烈的麦芽甜味	2.5~3.5	能	100%
淡色麦芽	作为大多数爱尔啤酒的基础麦芽	7~9	能	100%
黑色麦芽	给深色啤酒增加风味和色泽，给淡色啤酒增加色泽	1 500	不能	10%
巧克力麦芽	给深色啤酒增加色泽和香气，也可用于淡色爱尔啤酒中	900	不能	10%

任务三 酒 花

酒花素有“啤酒的灵魂”之称，它的添加量相对麦芽的数量来说微不足道，但是它在一定程度上决定啤酒的口感和风格类型。正是因为酒花的存在，才使啤酒的风味独具特色。

一、认识酒花

酒花原产于北美洲、欧洲和亚洲，于 11 世纪开始应用于啤酒酿造中。

酒花适宜垂直生长，所以需要架杆来种植，高度可达 6 m。酒花是雌性酒花株的松果状花蕾，属于爬藤植物（图 2–5）。酒花经过干燥处理后，添加到啤酒中以获取苦味。

图 2-5 酒花

二、酒花的分类

根据酒花含有 α 酸比例将酒花分成三大类：苦味型、香味型和兼具型。

（一）苦味型酒花

当 α 酸含量超过 10% 以上时称为苦味型酒花，这种酒花是啤酒中苦味的主要来源。此类型的酒花较著名的有德国的马格努门、英国的挑战者与美国的纳盖特，基本上都是属于风味干净、苦味明确，不会带有太多杂味的酒花，属于衬托啤酒风味的配角。

（二）香味型酒花

当 α 酸含量在 5% 上下时称为香味型酒花，这类型的酒花通常有较别致的香味，而且不同品种间的差别相当鲜明，是传统型啤酒中很重要的香气来源。常见的有捷克的萨兹与德国的哈拉道、斯派尔特和泰特昂。这些酒花还有个优雅别名——贵族酒花。

（三）兼具型酒花

当 α 酸含量在 6%~9% 时称为兼具型酒花。由于现代酒花育种技术日新月异，既有独特香味又有高 α 酸含量的酒花品种越来越多，这些特征让它们的使用更加广泛。著名的酒花有美国的卡斯卡特、北酿以及英国的塔吉特。

三、酒花的作用

在啤酒酿造过程中，添加酒花主要有以下作用：第一，赋予啤酒爽口的苦味和令人愉悦的香味；第二，增加麦汁和啤酒的抑菌能力；第三，增加啤酒的泡沫持久性；第四，在麦汁煮沸时添加酒花，能促进蛋白质凝聚，有利于麦汁的澄清；第五，提高啤酒的非生物稳定性。

四、常见的酒花制品

目前，最常见的酒花制品有颗粒酒花、酒花浸膏等。

（一）颗粒酒花（图 2-6）

颗粒酒花已成为世界上使用最广泛的酒花制品，其产量占全部酒花制品产量的 50% 以上，最大的生产国和使用国分别是德国和美国。

颗粒酒花就是把完整的酒花制成酒花粉，然后加工成直径为 2~8 mm、长约 15 mm 的短棒状颗粒，再抽真空或者充入氮气、二氧化碳等惰性气体包装而成。

图 2-6　颗粒酒花

（二）酒花浸膏

酒花浸膏是以颗粒酒花为原料提炼而成的膏状液体。酒花浸膏可以提高 α 酸的利用率；比较准确地控制使用量，保证成品啤酒苦味值的一致性；体积较小，便于运输和储存。

五、酒花的储存与质量指标

（一）酒花的储存

酒花只有在一定的贮存条件下，才能保持有效成分不发生变化。许多环境因素如微生物的侵害、空气中氧的作用以及较高的温度和湿度均能加速酒花的变质和氧化，另外光线对酒花的贮存也是有害的，它可使酒花的颜色变白。因此，只有在低温、隔氧、避光和干燥的环境中贮存酒花，才可以较长时间地保持其色泽、香味和 α 酸含量。

归纳起来，酒花的贮存应注意以下几点：第一，酒花包装应严密，压榨要紧，抽真空排除空气，必要时包装容器内充入氮气或二氧化碳。第二，酒花应在 0~2℃下保存。第三，酒花仓库相对湿度在 60% 以下，室内光线要暗，不能放置其他异味物品。第四，贮存的酒花应该及时使用，防止积压。

（二）颗粒酒花的标准（表 2-4）

表 2-4　我国颗粒酒花的标准（GB/T 20369—2006）

项目	一级	二级
色泽	浅黄绿色	
香气	富有浓郁的酒花香气	有明显的酒花香气，无异杂气味
匀整度 /%	颗粒均匀，散碎颗粒少于 4	颗粒均匀，散碎颗粒少于 6
硬度 /kg	≥ 6	
崩解时间 /s	≤ 10	
水分 /%	10~12	
α 酸（干态计）含量 /%	≥ 7	6
β 酸（干态计）含量 /%	≥ 2	

小贴士

α 酸：是酒花最重要的参数，一般缩写为 AA。酒花就算是同一个品种，也会因为年份、种植地区的不同 α 酸也有些差别。购买酒花时，一定会看到名字后面跟着一个百分比（%），它用来标明该批酒花 α 酸的数值。当煮沸的时间相同，α 酸越高的酒花，会产生越多的苦味。

苦味值 IBU：在工坊啤酒世界中，常常看到 IBU 这个英文缩写，可以直译为国际苦味单位值，数字越高代表啤酒越苦。

六、常用酒花

（一）亚麻黄

亚麻黄是一款近些年被开发的香型品种，具有独特的花香、热带水果香和柑橘香，并含有较高的 α 酸含量，可作为苦味型酒花使用。适用酒款有美式淡色艾尔、IPA（印度淡色艾尔啤酒）。

（二）卡斯卡特

卡斯卡特是 1972 年由美国俄勒冈州开发并种植的。它苦香兼优，具有极为显著的葡萄柚柑橘香气和味道，是美国最受欢迎的香型酒花之一。适用酒款有美式淡色艾尔、琥珀艾尔、IPA。

（三）世纪

世纪是 1990 年被投放市场的一款香型酒花。它是一种苦香兼优、味道平衡的酒花，无论是大麦还是小麦啤酒，都能相得益彰。适用酒款有美式淡色艾尔、琥珀艾尔、IPA。

（四）奇努克

奇努克是一款优秀的苦香兼优酒花，有极为显著的香气和一点辛辣气味。适用酒款有 APA（美式淡色艾尔啤酒）和 IPA，同时也适合酿造一些深色啤酒。

（五）西楚

西楚 2007 年推出的苦香兼优型酒花，由美国酒花育种公司培育而成。它苦香兼优，有浓郁的柑橘的香气和热带水果香。适用酒款有德国黑色啤酒、大麦酒、德国淡啤酒。

（六）哥伦布

哥伦布苦香兼优，香味朴实，有柑橘香气和味道。适用酒款有淡色艾尔、琥珀艾尔、IPA。

（七）水晶

酒花于 1983 年在美国俄勒冈州培育，该酒花 α 酸在 3.5%~6%。月桂烯含量较高，具有混合木香、花香和水果香。适用酒款有淡色艾尔、金色艾尔。

（八）西姆科

西姆科由雅基玛农场培育在 2000 年投放市场。它是一款多功能酒花，具有浓郁的菠萝香和浆果香，甲酸含量高，含律草酮且含量较低，苦味出色。适用酒款有美式淡色艾尔、IPA。

（九）克拉斯特

克拉斯特以美国本土的酒花为父本与英德移民带来的欧洲酒花杂交获得。它是一款平衡性极佳的酒花，拥有浓郁花香、辛香、松香和上好的苦味质量。适用酒款有艾尔、拉格、世涛。

（十）格丽纳

格丽纳于 1978 年由美国爱德华州育种计划发布和种植。具有柑橘香、核果香和愉悦酒花香，通常被用作苦花。适用酒款有拉格、IPA。

（十一）斯特林

斯特林是一款香花，具有明显的草本香和辛香，同时还有微妙的柑橘香和花香。适用酒款有比利时艾尔、拉格、皮尔森。

（十二）胡德峰

胡德峰于 1989 年投放市场，酸值较低，主要作为香花使用。气味温和、令人愉悦。适用酒款有酵母小麦啤、博克、帝王世涛。

（十三）摩西

摩西苦香兼优，具有浓郁热带水果香、花香和泥土香。适用酒款有美式淡色艾尔、IPA。

（十四）努格特

努格特于 1982 年被投放市场。有较低的蛇麻烯含量和较高的月桂烯含量。努格特是一款比较耐存储的酒花，并且苦香兼优，极为显著的木本植物香气及桃子味，所以很受商业酿造欢迎。适用酒款有美式淡色艾尔、美式拉格。

（十五）先锋

先锋的 β 酸高于 α 酸，合律草酮含量超低，使得苦味平滑柔和。香气以柑橘香和浆果香为主，且可作为香型酒花使用。适用酒款有比利时艾尔、博克黑啤、小麦啤酒。

（十六）勇士

勇士是一款近年来培育种植成功的高 α 酸品种。由于其律草酮含量低，所以拥有着温和的香味和优秀的苦味品质。这款酒花可提供稳定、干净的苦味，非常适合酿造 IPA。

（十七）威廉麦特

威廉麦特是一款三倍体香型酒花，具有理想的无籽特性。威廉麦特因其柔和、微妙的辛香和柑橘香而知名。适用酒款有英式艾尔、棕色艾尔、拉格。

（十八）爱达荷 7 号

爱达荷 7 号具有强烈的水果香，还拥有明显的酒花树脂气息和微弱的红茶味道，是杏子香气最突出的一款酒花。爱达荷 7 号作为苦味型酒花质量和强度均属一流；作为香味型酒花，超高的酒花油含量使它非常适合加在回旋沉淀和干投过程中。它既能单一使用，也可以配合其他酒花使用。

（十九）埃尔德拉多

埃尔德拉多的 β 酸含量非常高，苦味细腻柔和，这在兼优酒花中是非常稀少的，无论煮沸还是干投，均不会产生不良苦味。在酿造过程中，它呈现出极强的特殊热带水果香，而非传统的柑橘香。它能让你的啤酒充满梨子、西瓜甚至蜜饯的香甜气息，是一款优秀的风味酒花。

任务四 啤酒酵母

麦汁需要经过啤酒酵母发酵作用后，才能酿制成啤酒。因此酵母在啤酒酿造过程中有着重要的作用。

一、认识啤酒酵母

酵母是一群单细胞的真核微生物，是啤酒生产过程中重要的微生物，如图 2–7 所示。用于啤酒酿造的酵母称为啤酒酵母或酿酒酵母，是发酵工业中最常用的酵母，能发酵葡萄糖、麦芽糖、半乳糖、蔗糖和 1/3 棉籽糖，不能发酵乳糖和蜜二糖，不能同化硝酸盐。

图 2–7　酵母

二、常用啤酒酵母的种类

（一）按照发酵状态分类

根据发酵结束后酵母在发酵液中的存在状态不同，啤酒酵母可分为上面酵母和下面酵母。

1. 上面酵母的特性

细胞呈圆形多数集结在一起，容易形成子囊孢子，最适发酵温度为 15~25℃，发酵时间为 5~7 天，可发酵 1/3 的棉籽糖却不能发酵蜜二糖，发酵度较高，发酵结束时大量酵母细胞悬浮于液面。

2. 下面酵母的特性

细胞呈卵圆形分散排列，一般不形成子囊孢子，最适发酵温度为 5~12℃，发酵时间为 8~14 天，发酵度较低，可发酵全部的棉籽糖，发酵结束时大部分酵母细胞发生沉淀。

上面酵母与下面酵母的比较见表 2–5。

表 2–5　上面酵母与下面酵母的比较

性能	上面酵母	下面酵母
发酵温度 /℃	15~25	5~12
真正发酵度 /%	较高（65~72）	较低（55~65）
对棉籽糖发酵	发酵 1/3	全部发酵
细胞形态	圆形，多数细胞集结在一起	卵圆形，细胞分散

（二）按照凝聚性分类

凝聚性是啤酒酵母的重要特性之一。根据凝聚性强弱，啤酒酵母可分为凝聚性酵母和粉状酵母。

1. 凝聚性酵母的特性

凝聚性酵母由于凝聚性比较强，在发酵过程中比较容易凝聚在一起，或浮在液面上或沉淀在底部。在发酵结束时，很快凝聚形成结实的沉淀或在液面形成比较致密的酵母凝聚层。由于这种酵母的凝聚性强，比较容易与发酵液分离，所以发酵液的澄清速度比较快，但是啤酒发酵度相对较低。

2. 粉状酵母的特性

粉状酵母由于凝聚性较弱，在整个发酵过程中都分散在发酵液中，不易发生凝聚现象。即使在发酵结束后，酵母细胞仍然悬浮在发酵液中，很难沉淀，这就使发酵液的澄清比较困难。由于酵母细胞长期悬浮在发酵液中，因此啤酒发酵度相对较高。

凝聚性酵母与粉状酵母的比较见表 2–6。

表 2–6　凝聚性酵母与粉状酵母的比较

项目	凝聚性酵母	粉状酵母
发酵时情况	发酵时易于凝聚沉淀	发酵时长时间悬浮，不易凝聚
发酵结束时情况	在液面上形成致密厚层或形成结实沉淀	很难沉淀
发酵液澄清	较快	不易
发酵度	较低	较高

小贴士

发酵度：发酵度可反映酵母对各种可发酵性糖的利用程度。

三、啤酒酵母的活化

目前，工坊啤酒酿造过程中使用的酵母主要是高活性干酵母，高活性干酵母活化的操作要点如下。

（一）静置

上面酵母的静置方法是将干净的无菌水（不能用蒸馏水）调整水温至30~35℃，取出10倍酵母重量的水至干净无菌容器中，将所需酵母全部撒在水面上。不得搅拌，静置15 min。

下面酵母的静置方法是用干净的无菌水（不能用蒸馏水）稀释冷麦汁至2~6°P，调整水温至25~30℃，取出10倍酵母重量的水至干净无菌容器中，将所需酵母全部撒在水面上。不得搅拌，静置15 min。

（二）搅拌

上面酵母静置15 min后，轻轻搅拌，使所有酵母都浸没在水中，再静置5 min。

下面酵母静置15 min后，轻轻搅拌，使所有酵母都浸没在麦汁中，再静置15~45 min。

（三）调温

静置后，每5 min向酵母液中加入少量的冷麦汁，轻轻搅拌，直至酵母液温度和冷麦汁的温度差在10~18℃之间。每次将冷麦汁加入酵母液混匀后立即记录温度，直至酵母液温度降至理想的接种温度。

例如，需要活化的高活性干酵母重量为500 g，那么需要的无菌水容量为5 L，调温时每次添加的麦汁量不多于500 g。

（四）接种

调温后须立即接种。在不损害酵母的情况下，麦汁可以不需要充氧。

干酵母可以重复使用。酵母回收后处于浆液状态，需要通空气，让酵母进行有氧呼吸，保证酵母增殖。

四、啤酒干酵母活化的注意事项

（一）啤酒酵母活化介质的温度

不同啤酒酵母的最适合活化的温度各不相同，需针对不同酵母采用不同的活化温度。

（二）活化介质

正确的活化介质是酵母活化的关键，没有稀释的麦汁所产生的渗透压会对酵母造成一定损伤。水可以作为大多数酵母的活化介质，需要注意的是，活化下面酵母水中须含有低浓度的糖分，因此稀释的麦汁是最好的下面酵母活化介质。

（三）活化时间

啤酒酵母活化时间不能长于 60 min，为保证酵母处于最旺盛的发酵状态，活化后必须立即接种到麦汁中。不得储存活化后的酵母，否则将降低酵母的活力。

（四）活化环境

酵母活化须在干净、无菌的容器中完成；活化介质须提前灭菌，并冷却到适宜的温度。

五、常用的啤酒酵母

（一） S04 酵母（表 2–7）

非常出名的商业用酵母品种。发酵速度快，能形成良好的发酵脂香。在发酵后期能形成紧密的酵母泥，有利于提高啤酒的清亮度。该酵母品种可广泛用于艾尔啤酒的生产，特别适用于木桶发酵和锥型罐啤酒的生产，非常适合酿造英式淡色艾尔、英式苦味啤酒、IPA 等。

表 2–7　　S04 酵母特征

要素	特征	要素	特征
沉降性	高	酒精耐受度	中等
投放量	0.5~0.8 g/L	二发投放量	0.025~0.05 g/L
发酵温度	12~25℃	建议温度	15~20℃

（二）S–189 拉格酵母（表 2–8）

这款酵母的发酵特性适合酿造一些平衡度好、适饮性强的啤酒。由于具有非常细腻的香气，被广泛应用在拉格和皮尔森啤酒上。这款酵母需低温干燥储藏（4~10℃）。原包装情况下保质期2年，开封后在7天内使用。包装袋变软或损坏请勿使用。

表 2–8　　S–189 拉格酵母特征

要素	特征	要素	特征
沉降性	高	酒精耐受度	中等
投放量	0.8~1.2 g/L	二发投放量	无
发酵温度	9~22 ℃	建议温度	12~15℃

（三）WB–06 酵母（表 2–9）

WB–06 是专门为小麦啤酒生产选育的酵母，能够产生小麦啤酒中非常典型的细腻脂香味和微微水果香甜味，适合制作巴伐利亚风格的小麦酵母啤酒。由于沉降性偏低，酵母悬浮会增加特殊风味酿造出不同风格。

表 2–9　　WB–06 酵母特征

要素	特征	要素	特征
沉降性	中	酒精耐受度	中等
投放量	0.5~0.8 g/L	二发投放量	0.025~0.05 g/L
发酵温度	12~25℃	建议温度	15~20℃

（四）US05 艾尔酵母（表 2–10）

US05 是一款美式风格啤酒酵母，二乙酰生成量极低，有着非常好的平衡性，酵母沉降性一般，酿出的啤酒口味干净清爽。非常适合酿造美式艾尔、美式 IPA。

表 2–10　　US05 艾尔酵母特征

要素	特征	要素	特征
沉降性	中	酒精耐受度	中等
投放量	0.5~0.8 g/L	二发投放量	无
发酵温度	12~25℃	建议温度	15~22℃

（五）慕尼黑小麦酵母（表 2-11）

慕尼黑小麦酵母可以产生丰富的水果和丁香香气，非常适合酿造德式酵母小麦啤酒，建议发酵温度 20℃。

表 2-11　慕尼黑小麦酵母特征

要素	特征	要素	特征
沉降性	高	酒精耐受度	中等
投放量	0.5~0.8 g/L	二发投放量	0.025~0.05 g/L
发酵温度	12~25℃	建议温度	17~23℃

（六）S23 拉格酵母（表 2-12）

广泛应用的下面酵母，有着优于 S189 的果香和酯香味，适合酿制各类欧式下发酵啤酒。在拉格酵母中发酵温度偏高。

表 2-12　S23 拉格酵母特征

要素	特征	要素	特征
沉降性	高	酒精耐受度	中高
投放量	0.8~1.2 g/L	二发投放量	0.02~0.03 g/L
发酵温度	9~22℃	建议温度	12~15℃

（七）T58 艾尔酵母（表 2-13）

T58 艾尔酵母有着非常好的果香气味和辛辣味道。不建议用于瓶装二发啤酒的发酵。该酵母发酵性能优异，残留糖低，酒精耐受度可高达 11.5%。非常适合酿造比利时风格的三料、四料以及俄罗斯帝王世涛。

表 2-13　T58 艾尔酵母特征

要素	特征	要素	特征
沉降性	高	酒精耐受度	中高
投放量	0.5~0.8 g/L	二发投放量	0.025~0.05 g/L
发酵温度	12~25℃	建议温度	15~20℃

（八） W34/70 拉格酵母（表 2-14）

全球最出名的酵母菌种，由于其良好的发酵特性，干净的麦香味，被广大啤酒集团普遍使用。

表 2-14　W34/70 拉格酵母特征

要素	特征	要素	特征
沉降性	高	酒精耐受度	中等
投放量	0.8~1.2 g/L	二发投放量	0.02~0.03 g/L
发酵温度	9~22℃	建议温度	12~15℃

（九）BRY-97 艾尔酵母（表 2-15）

BRY-97 艾尔酵母广泛用于商业酒厂生产不同风格的啤酒。味道干净、平衡，酵母沉降性好，适合酿造美式风格啤酒。由于该酵母发酵不剧烈，所以酵母投放往往要超过 12 h，有时甚至超过 24 h，才会看到水封有气泡，这属于正常情况。另外该酵母活化时会有臭味，属于正常现象，并非酵母质量问题。

表 2-15　BRY-97 艾尔酵母特征

要素	特征	要素	特征
沉降性	高	酒精耐受度	中等
投放量	0.5~0.8 g/L	二发投放量	0.025~0.05 g/L
发酵温度	12~25℃	建议温度	17~21℃

（十）M79 艾尔酵母（表 2-16）

M79 酵母以它突出麦香和酒花香气的特点而闻名世界。这款酵母发酵迅速，并且能够产生独特的梨子香气，酸味适度，口感如丝般平滑，有时候会有一些草莓和猕猴桃的香气。酵母脂香味不是特别明显，适合酿造突出麦香和酒花香气的啤酒。非常适合酿造传统的英式淡色艾尔、英式苦啤。

表 2-16　M79 艾尔酵母特征

要素	特征	要素	特征
沉降性	中高	酒精耐受度	较好
投放量	0.5~0.8 g/L	二发投放量	0.025~0.05 g/L
发酵温度	15~30℃	建议温度	18~23℃

（十一）M27 艾尔酵母（表 2-17）

M27 艾尔酵母发酵度高，具有辛辣、水果、胡椒的味道特征。酒精度可高达 14%，是一款典型的比利时季节酵母。M27 发酵度极高，但是发酵速度较为缓慢，启发时间往往需要 24 h。M27 喜欢比较暖和的温度，在 26~32℃下不会产生太多的高级醇。

表 2-17　M27 艾尔酵母特征

要素	特征	要素	特征
沉降性	中	酒精耐受度	高
投放量	0.5~0.8 g/L	二发投放量	0.025~0.05 g/L
发酵温度	18~32℃	建议温度	26~32℃

（十二）温莎酵母（表 2-18）

温莎酵母是一种可以产生饱满酒体、浓郁果香味的酵母。该酵母有非常好的沉降性，残留糖分相对较高，是典型的英式酵母。建议发酵温度 18~21℃，发酵时间为 3~5 天。非常适合酿制英式苦啤、ESB 等。

表 2-18　温莎酵母特征

要素	特征	要素	特征
沉降性	高	酒精耐受度	中等
投放量	0.5~0.8 g/L	二发投放量	0.025~0.05 g/L
发酵温度	15~25℃	建议温度	18~21℃

（十三）诺丁汉酵母（表 2-19）

诺丁汉酵母是一款类似拉格酵母的艾尔酵母，脂香味中等、突出麦香味，在 12℃低温下仍然有着非常好的发酵能力，发酵产生的酒体类似于拉格。17℃时 4 天即可完成主发酵，无需充氧、发酵度高，酒体干爽、沉降性好。

表 2-19　诺丁汉酵母特征

要素	特征	要素	特征
沉降性	高	酒精耐受度	中等
投放量	0.5~0.8 g/L	二发投放量	无
发酵温度	12~25℃	建议温度	14~21℃

（十四）BE-256 修道院酵母（表 2-20）

这是一款酒精耐受度好、沉降性高、高发酵度（82%）的酵母。香气较为平衡，发酵速度快。

表 2-20　BE-256 修道院酵母特征

要素	特征	要素	特征
沉降性	高	酒精耐受度	中高
投放量	0.5~0.8 g/L	二发投放量	0.05~0.1 g/L
发酵温度	12~25℃	建议温度	15~20℃

（十五）M84 拉格酵母（表 2-21）

M84 是一款下发酵拉格酵母，适合酿造欧洲风格的拉格、与尔森啤酒。这款酵母发酵的酒体柔和、平衡、干爽，建议发酵周期 6~8 周。

表 2-21　M84 拉格酵母特征

要素	特征	要素	特征
沉降性	高	酒精耐受度	中等
投放量	0.8~1.2 g/L	二发投放量	无
发酵温度	5~18℃	建议温度	10~15℃

项目三

熟悉酿酒设备

项目目标

1. 了解控制柜，掌握控制系统的使用，学会糖化、发酵和冷却的设置。
2. 知道粉碎机结构，掌握粉碎机使用及注意事项。
3. 了解煮沸糖化设备的使用，掌握使用方法。
4. 了解过滤旋沉设备的使用，掌握使用方法。
5. 了解发酵储酒设备的功能，掌握使用方法。
6. 了解制冷设备。
7. 知道清洗设备的结构，掌握使用方法。
8. 学会使用测糖仪等设备仪器。

工坊啤酒生产设备主要包括控制系统、粉碎设备、煮沸糖化设备、过滤旋沉设备、发酵储酒设备、制冷与加热设备、清洗设备。这些系统设备主要机器有：控制柜、辊式粉碎机、糖化锅、过滤槽、旋沉槽、发酵罐、水净化器、板式换热器、冰水罐、冰水制冷机组、CIP 洗涤机等。

任务一 控制系统

一、控制系统的作用

控制系统是整个啤酒酿造设备的大脑，在啤酒酿造过程中，可以进行糖化控制、发酵控制、制冷控制等。控制系统可以自动精确地控制啤酒酿造过程中各个环节的温度和时间。

一是糖化控制，控制糖化温度、麦汁泵变频调速、搅拌的启动与停止。

二是发酵控制，自动控制发酵罐的温度。

三是制冷控制，自动控制冰水罐温度、压缩机启停等。

二、控制柜结构

控制柜外形尺寸为 700 mm × 400 mm × 1 700 mm，如图 3-1 所示。

（一）正面结构

1. 控制开关与电源指示灯（图 3-2）。

2. 制冷机指示灯。

3. 冰水泵指示灯。

4. 搅拌启停开关。

5. 控制面板。

6. 控制柜开门把手。

7. 糖化控制面板（图 3-3）。

8. 耕刀控制面板（图 3-4）。

图 3-1　控制柜

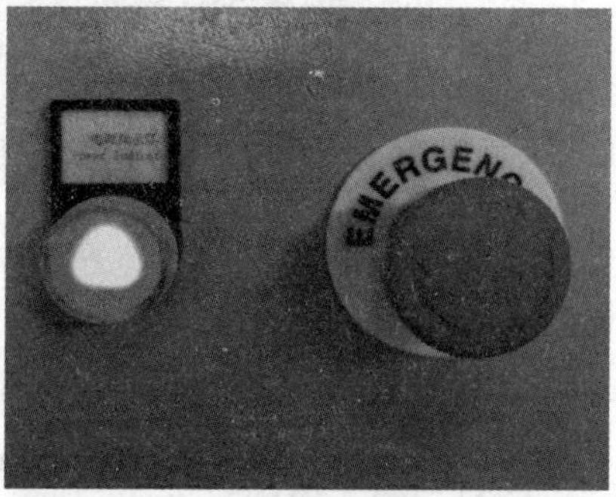

图 3-2　控制开关与电源指示灯

图 3-3　糖化控制面板

图 3-4　耕刀控制面板

（二）控制面板（图 3–5）

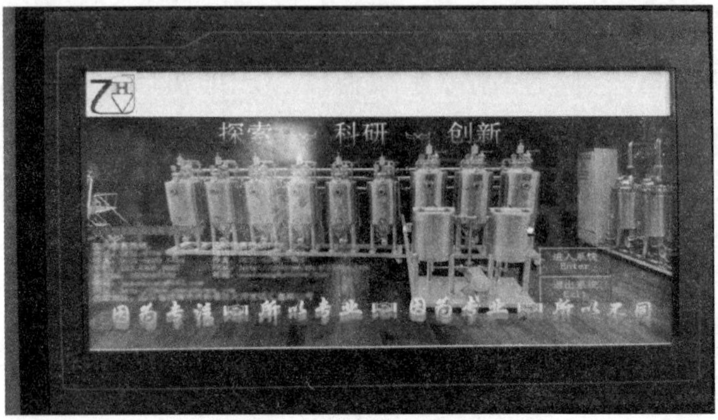

图 3–5　控制面板

1. 点击系统模块，进入控制主面板（图 3–6）。

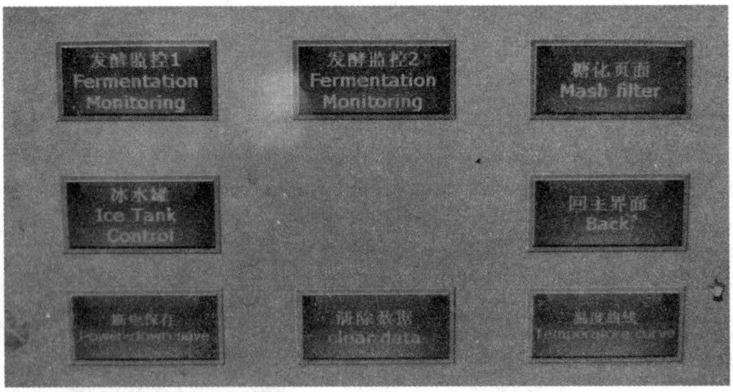

图 3–6　控制主面板

2. 点击温度曲线模块，进入温度曲线界面（图 3–7），可以显示温度曲线。

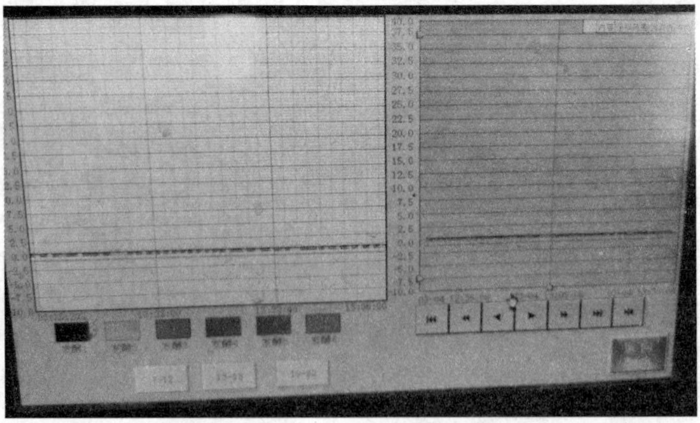

图 3–7　温度曲线界面

3. 点击冰水罐模块，进入冰水罐控制界面（图 3–8），可以设定冰水罐温度、设置修正值，另外可以设置冰水罐自动和手动控制模式。

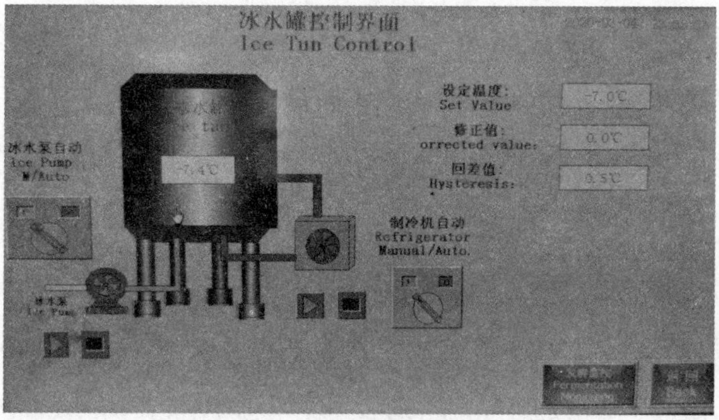

图 3–8　冰水罐控制界面

4. 点击发酵模块，进入发酵监控系统界面（图 3–9），可以设置每个发酵罐的温度。

图 3–9　发酵监控系统界面

5. 点击糖化模块，进入糖化监控系统界面（图 3–10），可以设置糖化的温度，控制过滤过程。

图 3–10　糖化监控系统界面

6. 点击断电保存模块，可以设置断电后，对原有设置的数据进行保存。

7. 点击清除数据模块，可以清除以前设置的数据。

三、控制系统的使用注意事项

第一，控制系统主电源采用 380 V、50 Hz 电源，请查核当地电源。设备安装中用到的电线电缆必须使用规定的标准线缆，接线要严格按照线路图连接。

第二，配电控制设备应该置于控制柜位置附近，在出现故障时能够迅速停止。只要设备与电源连接，即使设备处于关机状态，实际上仍通电。如果一段时间内不打算使用控制系统，请从总电源上切断设备电源。

第三，在控制柜上可以实现自动和手动控制转换。

第四，温度、压力控制精度分别为 0.01℃、0.01 Pa。

第五，糖化系统控制可以控制加热、搅拌、耕刀、麦汁泵、糖化和过滤温度显示。

第六，制冷系统控制可以自动控制制冷机、冰水泵和冷水泵启停、各个部分温度显示。

任务二 粉碎设备

一、粉碎设备的作用

麦芽经过粉碎后才能很好地溶解，并且粉碎质量对于糖化过程中物质的生化变化、麦汁组成、麦汁过滤和原料的利用率都有重要作用。粉碎设备就是将麦芽粉碎至符合糖化要求。

二、粉碎设备的结构组成和粉碎原理

啤酒厂多采用辊式粉碎机粉碎麦芽，其优点是结构简单、维修容易、调节方便、啤酒过度粉碎的情况少。辊式粉碎机一般采用光面或带齿纹的铸铁辊筒，以相同或不相同的速度相向转动，麦芽在挤压力和摩擦力的作用下，被辊筒压碎，胚乳从麦皮中辗出。

辊式粉碎机按照辊筒的数目分为对辊、四辊、五辊粉碎机等。常用粉碎方法有干法粉碎、增湿粉碎、湿粉碎、浸渍增湿粉碎等。工坊啤酒多采用对辊式粉碎机进行干法粉碎。

辊式粉碎机的核心构件是辊筒。

粉碎机的辊筒是经离心灌铸工艺制成的冷、硬铸铁，辊筒的表面具有极高的硬度。辊筒的直径约为 250 mm，直径不能太小，否则麦粒容纳角（辊筒表面形成的容纳麦粒的角度）太小，粉碎能力下降。辊筒的表面形式分两种，一种是平面辊，另一种是拉丝辊。

粉碎对辊的转速是不同的，主动轮的转速高，被动轮的转速低。其中，拉丝对辊的转速比约为 2.5 ∶ 1，平面对辊的转速比约为 1.25 ∶ 1。不同功能辊筒的转速也不同；预磨辊转速为 400~420 r/min，麦皮辊转速为 400 r/min，粗粒辊转速为 380~440 r/min。辊筒长度通常为 0.8~1 m，特别小的粉碎机辊筒长为 0.4 m，特大型粉碎机辊筒长可达 1.5 m。辊筒间隙在 0~2.5 mm 无级调节。

辊筒的平行是均匀粉碎的前提条件。在粉碎机调节时，通过插入塞尺或卡片来检查辊筒平行度，塞尺或卡片必须竖直插入粉碎机中。一个辊筒固定安装并通过传送带运转，另一个辊筒固定在弹簧上并一起运转。若有硬性物体出现时，就不会严重损伤辊筒。

三、对辊式粉碎机

对辊粉碎机是一种最简单的粉碎机，它装有一对大小相同的辊筒，一个固定，另一个可以调节。两个辊筒相对反向旋转，辊筒的最大直径为 250 mm。

对辊粉碎机的粉碎度较粗，只有溶解良好的麦芽使用对辊粉碎后才能获得满意的麦汁过滤速度和收得率。为此，对辊粉碎须满足以下条件：麦芽进料均匀，并均匀地散落在辊筒上，进料量要小，每厘米辊长的进料量为 5~20 kg/h；溶解不良的麦芽也要达到最低的质量标准。粉碎机的转速较低，为 160~180 r/min。

若对粉碎物要求较高，或粉碎溶解较差的麦芽时也具有较强的工作能力，显然就要重复对辊粉碎过程，由此便形成了两对辊筒上下相对的四辊粉碎机或多辊粉碎机。

（一）结构组成与工作原理

1. 结构组成（图 3–11~ 图 3–16）。

图 3–11　粉碎机侧面图

图 3–12　粉碎机正面图

图 3–13　粉碎机对辊间距调节钮

图 3–14　粉碎机进料口

图 3–15　粉碎机进料速度调节钮

图 3–16　粉碎机出料口

2. 工作原理

麦芽（含水量不得超过 12. 5%）经清理去除杂质（如石头、沙子和金属物等）后进入料斗，靠原料自重及机器轻微振动进入两辊之间进行挤压对辊，粉碎物经下料斗排出。

（二）使用注意事项

1. 设备检查

查看粉碎机料斗内有无杂质，两辊之间不能有异物；零部件是否紧固；电源线是否接好、有裸露；电机接地、其他附件是否正常。

2. 原料检验

麦芽粉碎前，仔细检查麦芽外观质量，有无霉烂现象。特别注意：大麦芽应当即用即粉碎，不宜长时间保存，更不可过夜。焦香麦芽、黑麦芽粉碎时，不得润水。粉碎物料必须保证清洁，严防铁钉、金属块、硬石块等混入料中。

3. 调节流量调节板

脱开闸柄，将流量调节板调节到适合的挡位位置，保证物料能自动落入粉碎室。

4. 启动电动机开始粉碎

这一步切记要先开机后进料。将麦芽加入料斗后，慢慢调节流量调节板旋钮，检查原料的破碎是否达到要求，当发现原料破碎程度达到要求时，固定手轮即可。粉碎过程中，随时取样检查麦芽粉碎情况。根据麦芽粉的粗细，适当调整辊距和进料量，粗、细粒比例为 1 ∶ 2.5。粉碎时操作人员应该佩戴防尘器具，粉碎过程中严禁将手伸进料斗内，粉碎室内严禁烟火。

5. 粉碎结束

工作完毕后需空转 1~2 min 待机器内的物料全部排除后，方能停机。严禁空转时两根对辊间直接接触，待物料全部排除后即转动手轮分开对辊，以避免对辊接触加快磨损。每天工作结束后，应清除机内残存物料，将机器机身及周边打扫干净。

任务三　糖化煮沸设备

一、糖化煮沸设备的作用

糖化煮沸设备主要用于麦芽的糖化和麦汁的煮沸。糖化是麦汁制备中最重要的过程之一。在糖化过程中，水与麦芽粉碎物料充分混合，在麦芽各种酶系的作用下，麦芽中的可溶性物质彻底浸出，制成麦汁。麦汁过滤结束后，就要进行麦汁煮沸，并在煮沸过程中添加酒花。煮沸期间将发生一系列复杂的物理和化学变化。

二、糖化煮沸系统的结构

糖化容器的大小因用途不同而有所区别。按 100 kg 麦芽投料量计算，各容器的容积为：糖化锅 6~8 hL、过滤槽 6~8 hL、麦汁煮沸锅 8~9 hL、回旋沉淀槽 6~8 hL。

（一）糖化锅外部结构（图 3-17）

小型糖化锅大多采用蒸汽加热，也可以使用电加热管加热或直火加热方式。

该设备主要由罐体、上下封头、入孔门、下料器、搅拌装置、进出料口和 CIP 清洗环管组成。新型下料器能对麦芽粉和下料水充分融合，避免结块现象的发生。

图 3-17　糖化锅

锅内的挡板有助于醪液混合均匀并平均受热。

（二）糖化锅内部结构

传统糖化过程在糖化锅中进行。糖化锅主要用于麦芽淀粉、蛋白质的分解，调整温度和糖化休止时间，使糖化醪液符合糖化工艺参数，糖化结束后将醪液打入过滤槽。

糖化锅需具备加热和搅拌功能，一般采用蒸汽加热方式。其中搅拌器尺寸的设计非常重要，它的转速必须与锅体直径相适应。

能使物料的固体颗粒呈悬浮状态，并均匀地分布在液体中。避免局部过热，产生焦煳现象，影响麦汁和啤酒的质量。

任务四 过滤旋沉设备

一、过滤旋沉设备的作用

过滤旋沉设备可以有效分离麦汁中的热凝固物和酒花糟，以获得澄清的麦汁。

二、过滤旋沉设备的结构

（一）过滤旋沉设备的正面结构（图3–18）

图 3–18 过滤旋沉设备正面结构

（二）过滤旋沉设备的内部结构

1. 过滤槽

现代过滤槽一般采用不锈钢制作，并带有保温层。为减少吸氧，醪液从底部进入过滤槽。在过滤槽的底部安装有 2~6 个可调节的进醪阀，泵醪过程应在 10 min 内完成。为防止吸入氧气，进口流速不要高于 1 m/s。在筛板底部，均匀安装着多个清洗喷头。过滤结束后，可使用高压水对筛板底部进行冲洗。这种设计不仅大大降低了劳动强度，而且能够达到良好的清洗效果，冲洗水还可用作投料水。

2. 回旋沉淀槽

回旋沉淀槽是最常用的热凝固物分离设备，与其他分离设备相比，它的分离效果最佳。

回旋沉淀槽是一个平底的密闭柱形容器。新式回旋沉淀槽一般都有保温层，以防止麦汁冷却。为了更好地收集热凝固物，回旋沉淀槽底部中央装有锥形热凝固物收集杯。进口大多有两个，一个进口在槽底，为避免吸氧；另一个进口在距槽底 1/3 高度处。

槽的内壁应光滑洁净，边缘要平整无棱角，槽内不要安装任何物件，因为这些东西会引起局部紊流或涡流，影响分离效果。槽的上部设有洗涤用的喷水环管。

麦汁出口始终在回旋沉淀槽底部的侧面，出口一般有两个，分别在麦汁高度的 1/2 处和底部 1/10 处。排放顺序为自上而下，打开阀门时要注意麦汁的流量，防止流动过快冲击沉淀物，造成麦汁浑浊。残余麦汁导出口开在回旋沉淀槽的底部。开口半径是根据高径比和热凝固物的量来确定的，生产中需根据实际情况确定。

待麦汁排出后，要用清水排除沉淀物。若在槽底中央制成一个小锥体，能存积全部沉淀物，以利排放；若槽底是平的，应有一定斜度，以利清洗。新型回旋沉淀槽的底部中央还设有高压旋转喷头，能迅速将结块的酒花糟打碎并排出槽外。

槽的风筒出口处应安装平板风挡。进料时打开，向外排气，进料完毕及时关闭，防止麦汁氧化。麦汁流出时再打开，避免产生负压。

任务五 发酵储酒设备

一、发酵储酒设备的作用

发酵储酒设备就是将煮沸好的麦汁进行发酵并将发酵好的酒进行储存的设备。发酵是一个复杂的过程，形成一系列发酵产物如醇类、醛类、酸类、酯类、酮类和硫化物等物质。这些发酵产物决定了啤酒的风味、泡沫、色泽和稳定性等各项理化性能，同时也赋予了不同啤酒的典型特色。

二、发酵储酒设备的结构

啤酒发酵储酒设备主要由下列部分组成：敞口发酵罐、锥形发酵罐、后储罐、清酒罐、酵母扩培和添加罐。敞口式发酵罐现在应用较少，德国传统酿造工艺大多使用敞口发酵罐进行前发酵，但对卫生管理要求较高。锥型发酵罐是目前使用最广泛的一种发酵容器，下锥角 60° 方便冷凝物和酵母排放，侧面人孔门设计方便人员进入发酵罐，由于人孔门处没有保温，在 0℃储存啤酒时的冷耗较顶部人孔门高。

（一）锥形发酵罐的特点

1. 具有锥底

下锥角度在 60°~90°，方便发酵后回收酵母。为保证啤酒良好的过滤性，酵母多采用絮凝性良好的菌株。因为锥形罐具有相当的高度，絮凝性较强的酵母较易沉淀，而絮凝性差的酵母就需要借助其他手段进行酵母分离。

2. 罐体设有冷却夹套

罐的柱体部分设 2~3 段冷却夹套，锥体部分设一段冷却夹套，冷却能力能满足工艺降温要求，这种结构有利于酵母沉降和保存。

3. 锥形罐是密闭罐

既可以回收二氧化碳，也可进行二氧化碳洗涤；既可作发酵罐用，又可作储酒罐用。

4. 发酵罐中酒液的自然对流比较强烈

罐体越高，对流作用越强。对流强度与罐体形状、容量大小和冷却系统的控制有关。

5. 适用于下面发酵和上面发酵

现在很多啤酒厂已经使用锥形发酵罐生产上面发酵的小麦啤酒。

（二）锥形发酵罐的结构

形发酵罐主要由罐的筒体、下锥体和顶部封头组成。通常采用不锈钢SUS304 制作。外观如图 3–19 所示。

1. 温度计

在主酵过程中，需要进行准确的温度控制和精确的温度测量。由于在这期间罐内会出现强烈的对流，形成温差，因此需要在罐的上部 1/3 处和罐的下部 1/3 处分别安装温度计。现在啤酒厂的温度控制多采用计算机。

图 3–19　锥形发酵罐

2. 液位高度显示器

罐内液位的检查很重要。通过压差变送器，可以将压力信号转换为液位高度。通过计算机可以很方便地换算出罐内酒液的体积。

3. 压力表或压力感测器

在发酵和储酒过程中，必须监控锥形罐的压力。压力显示使用传统的压力表或使用压力感测器与计算机连接，采集数据，随时检查正、负压保护阀是否正常。

4. 最低液位探头和最高液位探头

每个锥形罐都安装有最低液位和最高液位探头，以保证在进液时不超过最高液位，出液时不低于最低液位。探头的作用十分重要。

5. 取样装置

锥形罐上设有取样口，取样口与自动取样装置连接。自动取样装置借助于固定安装的小泵进行循环，利用此泵可随时进行酵母或嫩啤酒的取样。

6. 人孔

有时必须检查锥形罐是否出现裂缝或腐蚀，罐上或管道中的死角等。因此，大型发酵罐一般上下各开一个人孔，直径至少为500 mm。下部人孔在锥体最下端出口处，旋松螺母即可卸下。小型发酵罐的人孔门大多在罐顶部或罐的腰部。需要注意的是，顶部人孔比腰部人孔的冷耗低，有利于啤酒在后储期间的温度恒定。

7. 正压保护阀

发酵罐内压力升高时，会发生危险。因此必须安装正压保护阀。空罐的压力变化特别明显，罐容越大，危险性就越大。

8. 真空阀或负压保护阀

大罐对真空很敏感，较小的负压就会导致外形的改变。负压造成的危险远比大罐超压要大，即使温度只有很小的变化，也会造成较大的气体体积的变化。

9. CIP 清洗装置

锥形罐要采用 CIP 系统清洗。冲洗喷头与罐顶装置相连接，保证罐顶和罐体都能很好地被清洗。清洗罐顶装置时，要卸下所有的阀门。CIP 清洗装置是发酵罐中重要的组成部分，它是加强啤酒安全生产和卫生管理的前提。大罐的清洗装置主要有三种形式，即固定式洗球、旋转式洗球和旋转式洗罐喷嘴。

任务六 制冷与加热设备

一、制冷与加热设备的作用

制冷设备由板式换热器、制冷机和冰水罐组成，为麦汁发酵和储酒进行冷却。加热设备一般有电加热和蒸汽加热两种方式，为麦芽糖化、麦汁煮沸提供热能。

二、冰水罐和制冷机

（一）冰水罐（图 3-20）

冰水罐的作用是用于冷却麦汁和发酵罐的冷却，冰水罐的冷却媒介是乙二醇与水的混合物，或者是浓度为 30% 的酒精，制冷机将媒介冷却至 -3℃左右，通过制冷循环泵对麦汁与发酵罐冷却。

图 3-20　冰水罐

（二）制冷机

制冷机的作用是对冰水罐的媒介进行制冷，它是通过冰水罐中的制冷管进行冷却。

三、板式换热器

最常用的麦汁冷却器是板式换热器，它的换热效率很高，在实际生产中已经得到普遍应用。麦汁冷却对冷却设备的基本要求如下：麦汁和冷却水流经部位要便于清洗；密封要好，严防冷却水和麦汁的渗漏；要有足够的冷却面积，冷却时间要短，冷凝固物析出的量多。

（一）板式换热器的结构

板式换热器是新型的密闭冷却设备，采用不锈钢板制作，由许多块两面带沟纹的沟纹板所组成。两块一组为一个基本单元，麦汁和冷却水交替流过这些沟纹板。沟纹板中间用胶皮圈作填料紧密贴牢，防止渗漏。

（二）板式换热器的工作原理

通过板式换热器，麦汁温度可以从 95~98℃降至 6~8℃，介质是冷却的自来水或其他冷媒。具体的工作方式是：麦汁和冷却剂两种介质通过泵送以湍流形式运动，循着沟纹板两面的沟纹逆向流动，进行热交换。各冷却板既可以并联，也可以串联或组合使用。因此，通过板式换热器的流量和热交换方式是变化的。各板角上均有通道孔，构成麦汁和冷却剂的分配通道，麦汁和冷却剂可由此导入各板中，经过热交换后，再使之导出。流向相同的若干板片组成的单元称为板段。通过一个反向板，可以改变从一个板段流入下一个板段的方向。

（三）板式换热器的优点

1. 传热系数高

由于板式换热器的板型结构能形成湍流，可提供很高的传热速率，并且压力损失小。

2. 灵活性高

对于原来的管壳式换热器，在需要增加处理量时，原换热面积几乎不可能增加。但板式换热器可根据生产量的大小增减板数，这样就节省了昂贵的设备投资。

3. 结构紧凑，占地面积少

由于结构紧凑，传热效率高，在相同的热负荷下，板式换热器所需的换热面积仅为管壳式换热器的 1/3 左右。

4. 啤酒夹带量低

在板式换热器中存留的液体量较小。因此，它比常规的换热器开、停操作要快得多。

5. 免粘胶密封垫

将密封垫放在密封垫沟槽内，密封垫由压制的缺口固定，有抗高压能力，并能迅速方便地更换。

6. 附加的安全设计

特殊的板片密封垫结构可以防止任何情况下介质间的混合，在进、出口端面上两种流体被双道密封垫分开，提高了热交换的安全性。

四、加热设备（图 3-21~ 图 3-25）

图 3-21　电热锅炉

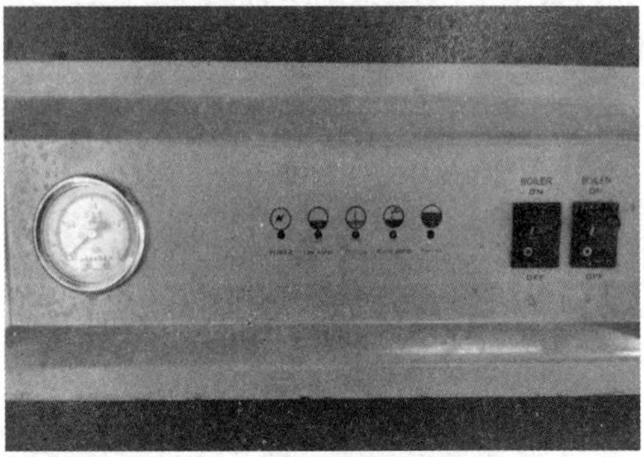

图 3-22　控制板

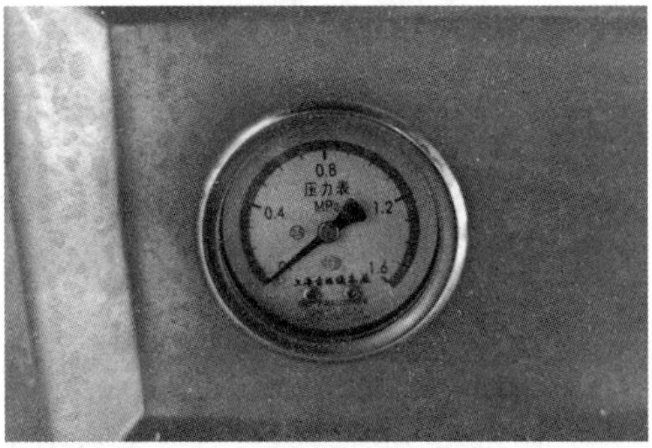

图 3-23　压力表

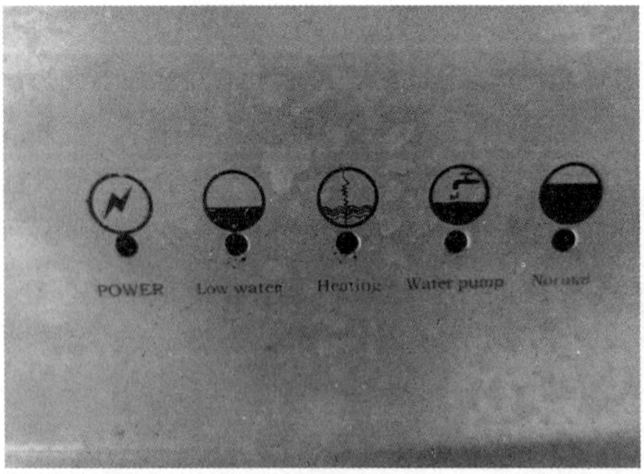

图 3-24　指示仪表

图 3-25　电热锅炉开关

任务七 清洗设备

一、清洗设备的作用

及时、正确地清洗啤酒生产设备，同时进行消毒和杀菌，才能保证生产出高质量、保质期长的啤酒。啤酒生产不仅要有良好的设备，还要有与之相配套的清洗设备和工艺，这样才能保证啤酒各生产环节不被杂菌侵染，从而提高成品啤酒的生物稳定性和口味稳定性。

啤酒厂普遍采用自动就地清洗，即用来冲洗的水和清洗剂，是在设备的管道及生产线中闭路循环进行的，无须将设备拆开。这种技术就称为原位清洗（CIP），该技术的应用极大地提高了清洗及灭菌的工作效率。

二、CIP 清洗系统

（一）CIP 系统设计要点

1. CIP 贮存罐容积至少应满足清洗泵 10 min 工作流量（体积计）的要求。

2. CIP 系统若需要回流泵达到回流循环时，回流泵的能力应比输出泵高 20%~30%，以防止清洗剂在系统中积存。

3. 贮存罐本身应具有清洗装置和排污装置。

4. 贮存罐应设溢流口和排气孔，并将排气孔集中引向室外。

5. CIP 设备组应设置观察走廊，并有良好的通风照明条件。

6. 酸、碱及其他有腐蚀性介质的贮存罐，要有明显的安全标志和应急标志。

7. 罐内应有液位计、温度计等测量、显示仪表，以监控 CIP 系统运行。

8. 酸、碱、灭菌剂等贮存罐应设取样阀，定期检查浓度。

9. 建议采用双座阀，避免流体相混。

（二）CIP系统的主要设备配置及流程

1. 回收水罐

回收水罐用来回收贮存最后一道清洗程序的无菌水，供后期系统预洗用。

2. 碱贮存罐

碱贮存罐用来贮存按工艺规定调配的碱液或碱性清洗剂。一般罐外设加热器，用强制循环加热，换热速率较高。如采用热清洗工艺时，外加热器通入蒸汽加热，使碱液加热至预定的温度。碱洗能去除设备内生成的有机污物。

3. 酸贮存罐

酸贮存罐用来贮存酸性清洗剂，酸洗能去除设备内生成的无机污物，如钙盐、镁盐等。

4. 杀菌剂贮存罐

杀菌剂贮存罐用来贮存规定浓度的杀菌剂。

上述4个贮存罐是多数啤酒厂CIP清洗系统最低要求的设备配置。有些啤酒厂还设置无菌水罐。无菌水用以冲洗残留的杀菌剂，以提高系统的无菌水平。无菌水首先采用砂滤预处理，后经紫外线灭菌，附属设施有清洗泵、外加热器（管壳式或薄板式），酸、碱、杀菌剂及无菌水的添加装置，控制面板等。

（三）CIP系统的运行注意事项

1. 清洗剂、杀菌剂每周应校核两次，对于工作过程浓度波动较大的场合，清洗剂应每天校核一次。

2. CIP取样检查项目包括清洗剂中的固形物含量、色泽，以评定污染程度。

3. 正常运行的情况下，CIP贮存罐中的清洗剂6~8周排空一次。

4. 制订定期的校验制度，确保CIP系统的测量元件运行可靠。

5. 设备应正常年检、维修，清理罐内沉积的污垢，评定腐蚀程度，确保安全运行。

（四）小型 CIP 清洗车

适合于小型工坊啤酒设备清洗的 CIP 系统，在配置上相对简单，一般由 1~2 个容积为 80~150 L 的储存罐、循环泵和控制面板组成。由于在底部托盘设置了可移动的万向轮，方便移动到待清洗设备附近，通过橡胶软管连接后，再进行清洗操作。

三、CIP 清洗系统的缺点

第一，CIP 设备、管路无法彻底清洗，残留物成为二次污染源，对纯种发酵和清酒无菌化形成潜在威胁。

第二，使用碱液清洗发酵罐和清酒罐时必须先将罐内二氧化碳泄压排空再进行清洗，这样浪费大量的二氧化碳和碱液而增加成本。同时由于碱和罐中残留的二氧化碳反应而使碱性清洗剂的浓度和成分不断变化，使清洗效果不稳定。

第三，清洗时间比较长，耗水量和耗电量比较高；由于消耗大量的清洗剂和水，给污水处理带来巨大压力。

第四，清洗完成投入使用时，罐内仍然残留有大量的空气，容易造成氧化和微生物二次污染。

第五，回流泵抽空容易引起负压而使罐体内陷。

任务八 其他设备

一、无油空压机

无油空压机根据压缩形式或主机结构可分为无油活塞式空压机、无油干式双螺杆空压机、无油水润滑单螺杆空压机、离心式空压机。相比于其他形式的无油空压机，无油水润滑单螺杆空压机有明显的优势。

第一，采用水作为压缩、密封、冷却的介质，使用及养护成本低、更环保。

第二，通过先进的密封隔离技术，压缩空气更洁净，可以做到纯无油。

第三，容积效率更高、更节能，比二级干式双螺杆节能15%以上，比一级干式双螺杆节能36%以上。

第四，避免干式螺杆频发、高昂的主机维修，更加稳定、可靠。

第五，单螺杆轴向、径向均受力平衡，星轮在水膜润滑下随螺杆自由旋转，因此主机部件在低负荷下平稳运转，保证了低噪音和耐久性。

二、减压阀

减压阀是通过调节，将进口压力减至某一需要的出口压力，并依靠介质本身的能量，使出口压力自动保持稳定的阀门。从流体力学的观点看，减压阀是一个局部阻力可以变化的节流元件，即通过改变节流面积，使流速及流体的动能改变，造成不同的压力损失，从而达到减压的目的。然后依靠控制与调节系统的调节，使阀后压力的波动与弹簧力相平衡，使减压阀后压力在一定的误差范围内保持恒定。

三、温度计

正确使用温度计测量液体的温度时，应手拿着温度计的上端，将温度计的玻璃泡全部浸入被测的液体中，注意不要碰到容器底或容器壁。读数时，应待温度计的示数稳定后再读数且温度计的玻璃泡要继续留在液体中，视线要与温度计中液柱的上表面相平。

四、手持式糖度仪

手持式糖度仪主要用于方便、快速测定含糖溶液的浓度。广泛应用于农业、造酒、食品、饮料加工业等各个行业。

项目四

开始酿造啤酒

项目目标

1. 知道清洗设备的重要性，了解主要的清洗剂和杀菌剂，掌握主要设备的清洗技能。

2. 了解麦芽粉碎的目的和要求，掌握麦芽粉碎的方法和注意事项。

3. 了解糖化的定义，知道糖化的目的，掌握糖化的主要方法和工艺条件。

4. 知道麦汁过滤的目的与步骤，掌握麦汁过滤的方法。

5. 知道麦汁煮沸的目的，掌握麦汁煮沸的方法和工艺要求。

6. 知道酒花添加的目的，掌握酒花添加的数量和方法。

7. 了解麦汁冷却和充氧的目的，掌握凝固物分离方法。

8. 理解发酵的过程，掌握酵母添加方法，掌握各种发酵技术和工艺要求。

9. 了解啤酒过滤的目的，知道啤酒稳定性的处理方法。

任务一 清洗酿酒设备

随着工坊啤酒的快速发展，对酿造过程的洁净程度和无菌化要求越来越严格，无论是对生产现场的环境卫生，还是对生产管道和设备内部的清洗都提出了更高的要求。

职业情境

为什么每次在酿酒之前，酿酒师要清洗酿酒设备?

一、清洗酿酒设备的重要性

及时、正确地清洗啤酒生产设备，进行消毒和杀菌，才能保证生产出高质量、保质期长的啤酒。啤酒生产不仅要有良好的设备，还要有与之相配套的清洗工艺，尽可能将设备上的蛋白质、碳水化合物形成的污垢膜及沉积的矿物质冲洗掉，这样才能保证啤酒各生产环节不被杂菌污染，从而提高成品啤酒的生物稳定性和口味稳定性。

二、清洗过程的基本要求

第一，被清洗的系统必须封闭起来。

第二，清洗剂必须直接与污物接触，清洗剂的浓度、作用温度和作用时间必须达到工艺要求。

第三，清洗掉的污物必须全部以流动方式从设备中排出，即附着物必须被溶解掉，防止污物重新沉积。

第四，清洗剂本身对啤酒有害，它们同样必须全部排出被清洗的系统。

三、清洗剂和杀菌剂

（一）清洗剂

清洗剂是影响清洗效果的主要因素。良好的清洗剂应具备如下要求：易在水中溶解，低温下也有效；对污物的清洗效果好，湿润能力强，不产生泡沫；易冲洗，不易沉积，不与水中的盐类发生反应；不腐蚀原设备；使用方便，费用低；废水对环境污染小。

清洗剂应根据污物的性质进行选择，这样才能取得理想的清洗效果。

1. 碱性清洗剂

碱性清洗剂是由不同成分的无机碱性化合物（如磷酸盐、硅酸盐及氢氧化钠、氢氧化钾等）和表面活性剂构成。比较常用的有氢氧化钠和磷酸钠。

2. 酸性清洗剂

酸性清洗剂主要有硫酸、硝酸、磷酸和各种有机酸，不能使用盐酸。

（二）杀菌剂

杀菌最简单的方法是采用蒸汽或沸水杀菌。但这两种杀菌方式，需保持设备在 100℃，至少 15~20 min 才有效。而且蒸汽杀菌，必须先将设备清洗干净，否则污垢黏着在容器表面上，反而造成以后杀菌的困难。

杀菌剂应无毒无味，没有腐蚀性。

1. 碱性杀菌剂

碱性杀菌剂的主要成分是氯（次氯酸盐），一般使用次氯酸钠、二氧化氯等。

2. 酸性杀菌剂

酸性杀菌剂的主要成分是具有氧化作用的过氧化氢、醋酸和过氧乙酸。

3. 含碘杀菌剂

含碘杀菌剂腐蚀性小、无毒，对啤酒风味无影响，普遍应用。成分中通常含有元素碘、一种湿润剂和一种酸，如磷酸。

（三）清洗剂和杀菌剂的选用

如果把清洗剂和杀菌剂结合起来使用，可以形成效果更好的混合制剂，即清洗杀菌剂，它是一种包含有碱类、磷酸盐、润湿剂、螯合剂和适当配比杀菌剂的清洗剂。清洗杀菌剂的优点在于相互间的协同作用，即当两种物质混合使用时，具有比两者单独使用更高的效果。如碱性清洗剂，除清洗能力外还具有一定的杀菌能力，如果与氯化物结合使用，则杀菌效果更好。清洗杀菌剂可以将生产设备的清洗与杀菌两个过程一次完成。

为适应纯种发酵和清酒无菌化的要求，对杀菌剂品种的选取和杀菌方式的设计提出了更高的要求。目前广泛应用的杀菌剂主要有 3 种，包括沸水、二氧化氯水和过氧乙酸，这 3 种杀菌剂的优缺点比较见表 4–1。

表 4-1　　三种杀菌剂的优缺点比较

	热水	二氧化氯水	过氧乙酸
优点	便宜、容易获得、不腐蚀设备	强氧化剂、杀菌效果好	强消毒剂、广谱杀菌、无泡、无污染
缺点	易产生水垢、时间长、有冷凝水产生	有毒、易腐蚀	浓缩液气味刺激

四、主要设备的清洗

（一）锥形发酵罐的清洗

锥形发酵罐的清洗，必须具备完善的原位自动清洗装置，包括碱液罐、酸液罐（稀硝酸）、杀菌剂罐和清洗喷头及送液泵等，通过自动程序控制系统，利用泵送、循环清洗，完成罐的清洗杀菌工作。

1. 锥形发酵罐清洗的注意问题

在清洗大罐时，CIP 泵的流量和压力要求比较严格，需要做到使洗球喷出的液体能够通过机械力覆盖整个罐壁，流量达到沿罐体周长方向每分钟 20~35 L。清洗器的最底部应当留一个孔，使清洗器内部不留残液。

清洗时需要有一定的清洗强度及液流量，才能把污物冲洗干净。喷嘴的口径应与流量匹配，口径不宜太小，否则容易引起雾化，达不到清洗效果。高于清洗器的部位应当通过对清洗器喷嘴的调整，使其得到可靠的清洗。

以冷清洗为宜，因为热清洗对设备本身不利，罐体的焊缝会因为温度的急剧变化产生收缩或膨胀造成撕裂，从而缩短容器的使用寿命。另外，热清洗后降温时，容器内会产生负压，一旦真空保护阀出现故障，将导致容器失稳变形。建议大罐清洗温度不宜超过 45℃。

碱洗开始前，用空气将罐内二氧化碳排出，可以避免清洗时，碱液吸收二氧化碳，罐内形成真空而造成罐的损伤；发酵罐每使用 3 次，可在碱洗之后，加一道 1% 硝酸酸清洗过程，以去除啤酒石。

锥形发酵罐罐顶部件的清洗是清洗中的薄弱环节，特别是安全阀和真空阀。这些部件应采用专用清洗器。由于位置不便，罐顶部位出现的问题在一般的检查工作中很难发现，因此应当采取特殊的预防性检查。

2. 锥形发酵罐清洗的压力控制

经清洗器喷出的清洗剂一定要使设备表面都得到清洗，这一点非常重要。压力太低时，清洗器的作用半径小，流量不够，喷射的清洗剂不能布满罐壁；而压力太高时清洗剂会形成雾状，不能形成沿罐壁向下流动的水膜或者喷射的清洗剂被罐壁反弹回来，降低了清洗效果。压力为 0.2~0.3 MPa，清洗半径小于 2 m，称为低压清洗，适用于小容器清洗。压力 0.5~0.6 MPa，清洗半径 3~4 m，称为中压清洗，适用于大型容器如发酵罐的清洗。压力 3~4 MPa，清洗半径可达 6 m，称为高压清洗，适用于糖化设备的清洗。

3. 锥形发酵罐清洗剂流量的选择

按容器周长来选择，每米周长每小时需要清洗剂 1.5~3.5 m^3。小罐清洗时取下限，大罐取上限。按容器内表面积来选择，每平方米内表面积每小时需清洗剂 0.2 m^3。另外，碱液清洗发酵罐及其他贮酒容器时，必须先将罐内的二氧化碳排尽，以降低碱液的消耗。

4. 锥形发酵罐清洗的基本方式

发酵罐的 CIP 清洗流程一般为：清水冲洗至无泡，2%~4% 碱液循环清洗 30 min 后，清水冲洗至 pH 值为中性，杀菌剂循环冲洗 10 min 以上。

（二）管路的清洗

清洗管路时，清洗剂流动状态对清洗效果的影响非常大，必须采用较高的流速。为确保管道清洗干净，CIP 清洗剂必须有一定的冲刷强度。另外，还要重视对二氧化碳和压缩空气管路及其附件的清洗，每年至少应进行 5 次。

如果管路有三通接头，必须提高流速以保证最低冲刷强度。因此，啤酒管道尽可能不要设置三通接头。如果必须设置，接头尽可能短还要紧贴近主干道，防止产生死角；管道清洗剂冲刷方向应与物料流方向相反。

（三）板式换热器的清洗

板式换热器和管路的清洗原则上是一样的。正常的板式换热器在工作状态下的介质就呈紊流状态，因此用高出介质 20%~30% 的清洗剂流量进行清洗，就可以获得良好的效果。

（四）设备机件和机器的清洗

对此没有统一的清洗模式，应当按设备生产厂商提供的说明进行。在用热的清洗剂灌满设备进行浸泡时，应当使清洗剂保持正压，以保证清洗剂冷却时外界空气不能侵入。

（五）清洗设备的清洗

清洗设备及其附属的管路、泵和附件也必须定期清洗，具体方法可参照容器和管路的清洗，建议每半年一次。

（六）胶管的清洗

胶管要比不锈钢管道更难清洗，因此应尽可能减少胶管的使用。清洗温度和清洗时间要根据供货厂商的技术要求确定。一般胶管只能用碱性清洗剂清洗，酸性清洗剂和杀菌剂都会加快胶管的老化。

胶管的老化现象表现为胶管的内表面变得粗糙，出现细微的裂纹。这样就使胶管的清洗以及清洗剂的冲出变得很困难。胶管的使用寿命一般为 3~4 年，到期的胶管应及时淘汰，要使用标明生产日期的胶管。

（七）专用设备的清洗

如过滤机、灌装机等，应按规定工艺要求进行清洗。

清洗和杀菌的最终目的是使所有与啤酒接触的部件及设备表面没有存活的微生物，从而确保啤酒生产的卫生。卫生检验是啤酒质量控制的重要手段，因此，除认真进行清洗外，还必须对各个相关生产工序进行微生物检验和卫生监督。

任务二 麦芽粉碎

一、麦芽粉碎的目的

麦芽粉碎使麦芽表皮破裂，其主要目的有以下方面：第一，有利于糖化时内含物与水分充分接触，使麦芽颗粒物质更易溶解，促进可性物质溶解，提高糖化效率。第二，增加麦芽的表面积，有利于原料吸水膨胀，促进难溶物质溶解。第三，糖化时可溶性物质容易浸出，有利于酶的作用。

二、麦芽粉碎的要求

（一）麦皮破而不碎

麦皮应尽量避免过分破碎，麦皮中含有苦味物质、色素、单宁等，如果麦皮粉得太碎，这些物质会过多地进入麦汁中，使啤酒色泽加深，口味变差；麦皮过分粉碎会使过滤困难，影响过滤速度及麦汁收得率。

（二）胚乳部分细而均匀

对于溶解不良的麦芽，胚乳部分更应粉得细一些，便于酶的作用。一般要求粗粒与细粒的比例为 1 ∶ 2.5 以上。细粉比例过大，也会影响麦汁过滤。

三、麦芽粉碎的方法

（一）干法粉碎

干法粉碎是传统的粉碎方法，优点是麦皮与胚乳分离得好、设备简单、易操作，缺点是麦皮易碎裂、粉尘大、易发生爆炸等事故。

麦芽干法粉碎大都采用辊式粉碎机，按辊筒数量有两辊、四辊、五辊、六辊之分。干法粉碎设备简单、易于操作，但也有不少缺点，主要是麦芽水分含量变化较大时，粉碎度不易控制。采用干法粉碎时，要求麦芽水分在 6%~8% 之间。当麦芽水分高于 8% 时，不易粉碎成粉状，而成为片状；当麦芽水分低于 6% 时，麦皮也易粉碎成粉状，造成过滤困难。

（二）湿法粉碎

湿法粉碎是先将麦芽用 50℃的水浸泡 15~20 min，再进行粉碎。优点是麦皮的韧性好，粉碎后麦壳完整，麦糟层疏松易过滤。缺点是短时间内完成所需动力消耗大，糖化收得率低，残余麦糟含糖量高，对卫生的要求高。

湿法粉碎是将麦芽在 50℃左右的热水中浸泡 15~20 min，使麦芽含水量达到约 30% 后，再倒入对辊粉碎机（两辊间隙 0.35~0.45 mm），在粉碎的同时，将糖化用水（料水比在 1 ∶ 3 以上）送入粉碎机对粉料调浆，边粉碎边投入糖化锅。由于湿法粉碎对麦芽进行了预浸泡，麦壳的韧性有所增加，所以粉碎后麦壳可以保持完整，有利于麦汁过滤，并减少皮壳中有害成分的溶出。

湿法粉碎的缺点是一次糖化投料的麦芽需在短时间内（不宜超过 30 min）粉碎完，所以要求粉碎机的生产能力要大，用电负荷集中。另一方面对设备的卫生条件要求较高，否则易感染杂菌。

（三）增湿粉碎

增湿粉碎是用水对麦芽进行增湿处理再进行粉碎，工坊啤酒多采用的方法。优点是麦皮与胚乳分离的好，麦皮破碎较少。缺点是胚乳易黏附于粉碎机上，需清除粉尘，限制含水量。

增湿粉碎是将麦芽在粉碎之前用水或蒸汽进行增湿处理，使麦皮水分提高，增加其柔韧性，粉碎时达到破而不碎的目的。增湿的方法有两种，即水雾增湿和蒸汽增湿。水雾增湿时，麦芽经过螺旋推进器与水雾接触，水的温度为 30℃，接触时间为 90~120 s，麦芽水分增加 1.5%~2%。蒸汽增湿时，引入的必须是低压干蒸汽（0.05~0.1 MPa），喷雾时间 30~40 s，麦芽水分增加 0.7%~1%。在增湿期间，麦芽的温度不得高于 30℃，否则会损伤麦芽中的酶。增湿粉碎可保持皮壳的完整，在这一点上优于干法粉碎；另一方面，皮壳增湿后立即粉碎，麦芽内容物仍保持原有的水分含量，既可保证粉碎度，又可储存于粉料仓内待投料，在这一点上优于湿法粉碎。

四、麦芽粉碎的技术要求

（一）麦芽水分的要求

粉碎时要求仓储麦芽水分在5%~8%。若麦芽水分在8%以上，麦芽只能被轧成薄片而不能全粉碎，麦皮上的粗粒在糖化过程中不能被完全溶解和糖化。若麦芽含水量在5%以下，麦皮极易被粉碎成小片，使麦汁质量下降。

（二）麦芽溶解度的要求

溶解良好的麦芽，胚乳质地疏松，仅含少量坚硬的或玻璃质的部分，易于被粉碎，因此可以粉碎得粗一些。溶解不良的麦芽，胚乳质地坚硬，含有较多玻璃质部分，糖化时溶解困难，因此必须进行更细的粉碎。

（三）粉碎度的要求

粉碎度是指麦芽的粉碎程度，通常是以麦皮、粗粒、细粒及细粉的各部分所占料粉的质量分数表示。麦芽粉碎时，其粗细粉的比例一般以1：（2.5~3）为宜。

麦芽的粉碎度可通过投产麦芽的性质、糖化方法、糖化收得率、过滤时间、麦汁浊度以及碘液颜色反应的分析检验结果来调节，可用厚薄规和调节手柄调整辊的间距，并通过取样、感观检查麦皮的粗粒和细粉的比例，判断粉碎的程度。

（四）麦芽粉碎度与麦汁过滤设备的关系

麦芽粉碎度与麦汁过滤设备关系密切，采用过滤槽时，要利用麦糟作滤层，麦皮不能粉碎过细，否则会影响过滤速度和麦芽浸出率。

五、粉碎设备操作要点及注意事项

第一，麦芽粉碎机要安装平衡，操作时无震动现象。

第二，辊式粉碎机启动时应空机启动，开机时辊间距应调整为最大，启动后加料量逐渐增大。辊间距应根据所采用的麦汁过滤系统和麦芽性质做相应的调整，并定期检查和校正辊筒的平行度和间隙。

第三，在粉碎过程中要检查进料辊进料的均匀度，麦芽要分布均匀，不能集中在一处进料。每隔10 min检查麦芽粉碎度是否达到要求，取样时应在对辊下部取样。

第四，粉碎完毕后，检查振动筛有无堵塞和弹簧有无折断现象。若有，应及时处理。

第五，麦芽粉碎机排出的物料不应残留或堵塞在出口处，粉碎结束后，要及时清理粉碎机，以免残留的麦粉变质。

任务三 糖 化

一、糖化的定义

糖化是指利用麦芽本身所含有的各种水解酶，在适宜的条件（温度、pH 值、时间等）下，将麦芽中的不溶性高分子物质（淀粉、蛋白质、半纤维素等），分解成可溶性的低分子物质（如寡糖、糊精、氨基酸等）的过程。

小贴士

浸出物：麦汁中溶解于水的干物质称为浸出物。

无水浸出率：麦芽汁中的浸出物含量与原料中所有干物质的质量之比称为无水浸出率。

二、糖化的目的

糖化的目的是将麦芽中的可溶性物质萃取出来；创造有利于各种酶作用的条件，使高分子的不溶性物质在酶的作用下尽可能多地分解为低分子的可溶性物质；最后制成符合生产要求的麦汁。

三、糖化的方法

根据是否分出部分糖化醪液进行蒸煮，糖化方法可分为煮出糖化法和浸出糖化法。

（一）煮出糖化法

煮出糖化法是兼用生化作用和物理作用进行糖化的方法。其特点是将一部分的糖化醪液分批加热到沸点，然后与其余未煮沸的醪液混合；按照不同酶分解所需要的温度，使全部醪液分阶段地进行分解，最后上升到糖化终止温度。煮出糖化法能够弥补一些麦芽溶解不良的缺陷。

根据醪液的煮沸次数，煮出糖化法可分为一次、二次和三次煮出糖化法，以及快速煮出法等。

（二）浸出糖化法

浸出糖化法是完全利用麦芽中酶的生化作用进行糖化的方法，是将醪液从一定温度开始升至几个不同的酶的最适作用温度进行休止，最后达到糖化终止温度。在浸出糖化过程中，麦芽组分的溶解和分解仅由麦芽所含的酶来进行。

浸出糖化法可分为恒温浸出糖化法、升温浸出糖化法、降温浸出糖化法三种。下面重点介绍恒温浸出糖化法和升温浸出糖化法。

1. 恒温浸出糖化法流程

麦芽粉碎后，将麦芽粉按照料、水比为 1 ∶ 4 的比例投入水中搅拌均匀，65℃保温 1 到 2 个小时，然后将糖化完全的醪液加热至 75~78℃，终止糖化，送入过滤槽过滤。此法适用于溶解良好、含酶丰富的麦芽。

2. 升温浸出糖化法流程

先利用低温（35~37℃）水浸渍麦芽，时间为 15~20 min，促进麦芽软化、酶的活化以及部分酸解。然后升温至 50℃左右进行蛋白质水解，保持 40 min，再缓慢升温至 62~63℃。此时 β 淀粉酶发挥作用最强，糖化 30 min 左右。然后再升温 68~70℃，使 α 淀粉酶发挥作用，直到糖化完全（遇碘液不成蓝色反应）。再升温至 76~78℃，终止糖化。

（三）糖化方法的选择

生产实际中，糖化方法的选择取决于原料的质量、啤酒的类型及生产设备条件。糖化方法的选择应考虑以下因素。

1. 原料

若使用溶解良好的麦芽，宜采用浸出糖化法。若使用溶解一般的麦芽，宜采用一次煮出糖化法。

2. 啤酒类型

传统的生产方法，制造上面发酵啤酒多采用浸出糖化法，下面发酵啤酒多用煮出糖化法。

3. 生产设备

浸出法只需设有加热装置的糖化锅，煮出法应有糊化锅和糖化锅。

四、糖化操作工艺条件

（一）糖化温度

1. 糖化温度对酶活力的影响

糖化温度通常是由低温逐步升至高温，以防止麦芽中各种酶因高温而被破坏。糖化过程中，不同温度下的酶的作用效应见表 4–2。

表 4–2　　糖化过程不同温度下的酶作用效应

温度 /℃	酶的作用效应
35~37	浸出各种酶，提高酶的活力
40~45	有机磷酸盐分解，β 葡聚糖分解，蛋白质分解，R- 酶对支链淀粉的解支作用
45~52	蛋白质分解形成大量的低分子含氮物质，β 葡聚糖继续分解，R- 酶和界限糊精酶对支链淀粉的解支作用，有机磷酸盐分解
50	有利于甲醛滴定氮的形成
55	有利于内肽酶的作用，形成大量的可溶性氮，内 β 葡聚糖酶和氨肽酶等逐渐失活
53~62	有利于 β 淀粉酶的作用，形成大量麦芽糖
63~65	蛋白酶的分解能力下降，β 淀粉酶的作用最强，形成最高量麦芽糖
65~67	有利于 α 淀粉酶的作用，β 淀粉酶的作用减弱，糊精生成量相对增加，麦芽糖生成量相对减少，界限糊精酶失去活力

（续表）

温度/℃	酶的作用效应
70	α 淀粉酶的最适温度，生成大量短链糊精，β 淀粉酶、内肽酶和磷酸酯酶等失活
70-75	α 淀粉酶的反应速度加快，形成大量糊精，可发酵性糖的生成减少
76~78	α 淀粉酶等耐高温的酶仍起作用，浸出率开始降低
80~85	α 淀粉酶开始失活
85~100	麦芽中的酶基本都被破坏

2. 糖化温度的控制

（1）浸渍阶段：通常控制在 35~ 40℃。在此温度下有利于酶的浸出和酸的形成，并有利于 β 葡聚糖的分解。

（2）蛋白质分解阶段：糖化时蛋白质分解的过程又称为蛋白质休止，此阶段温度通常控制在 45~55℃。温度偏向下限，低分子氮如氨基酸含量相对较高；温度偏向上限，则高分子可溶性氮生成量较高。溶解良好的麦芽，酶的含量高，内含物易受酶的作用，可采用高温短时间蛋白质分解，避免麦芽中的中分子肽类被过多分解成 α 氨基氮，导致啤酒泡持性降低。溶解不良的麦芽，温度应控制在 45~50℃，并延长蛋白质分解时间。若麦芽溶解特别好，可不考虑蛋白质分解阶段，直接升温至糖化阶段。在 45~55℃温度范围内，β 葡聚糖的分解作用继续进行。

（3）糖化阶段：通常控制在 62~72℃。温度偏高（65~72℃）有利于 α 淀粉酶的作用，可发酵性糖减少，适于制造低发酵度啤酒；温度偏低（62~65℃）有利于 β 淀粉酶的作用，可发酵性糖增多，适于制造高发酵度啤酒。

（二）糖化时间

糖化时间的定义分广义和狭义两种。广义的糖化时间是指从投料至麦芽过滤前的时间；狭义的糖化时间是指麦芽醪温度达到糖化温度起至糖化完全，即碘反应完全的这段时间。广义的糖化时间与糖化方法有很大关系，具体情况见表 4–3。

表 4–3　　糖化方法与糖化时间的关系

糖化方法	糖化时间 / h
一次煮出糖化法	2. 5~3.5
高温快速糖化法	2
浸出糖化法	3

（三）pH 值

pH 值是糖化过程中酶反应的一项重要条件，麦芽中主要酶的最适 pH 值都较糖化醪的 pH 值为低。为了改善酶的作用，有时需要调节糖化醪的 pH 值。

1. 调节糖化醪 pH 值的方法

对残留碱度较高的酿造用水进行处理，方法有加石膏、加乳酸、磷酸及其他水处理方法，使醪液的 pH 值有所下降，达到各糖化阶段的最适 pH 值。

2. 调节 pH 值的作用

第一，淀粉酶分解淀粉作用更快、更完全，麦汁收得率比较高。

第二，有利于蛋白酶的作用，麦汁的可溶氮较多，麦汁澄清好，啤酒的非生物稳定性也比较好。

第三，多酚物质浸出少，麦汁色泽浅，啤酒口味柔和，不苦杂。

第四，β 葡聚糖分解比较好，有利于麦汁过滤。

第五，pH 值降低后，酒花树脂浸出率低，α 酸的异构率也较低，影响酒花的利用率，但酒花的苦味比较柔和。

（四）糖化用水和洗糟用水

1. 糖化用水

糖化用水是指直接用于糖化锅和糊化锅，使麦芽溶解，并进行化学和生物转化所需的水。糖化用水的多少决定醪液的浓度，并直接影响酶的作用效果。

麦芽糖化的用水量通常用料水比表示，即每100 kg原料用水的体积(L)。一般根据啤酒类型确定糖化用水量。淡色啤酒的料水比为1 ：（4~5），即100 kg原料的用水的体积4~5 L；浓色啤酒的料水比为1 ：（3~4）；黑啤酒的料水比为1 ：（2~3）。

2. 洗糟用水

第一批麦汁（头道麦汁）滤出后，将残留在麦糟中的糖液洗出所用的水称为洗糟用水。

洗糟用水量主要根据糖化用水量来确定，这部分水约为煮沸前麦汁量与头道麦汁量之差，对麦汁收得率有较大的影响。制造淡色啤酒，糖化醪液浓度较低，洗糟用水量则少。制造浓色啤酒，糖化醪液浓度较高，洗糟用水量大。

洗糟用水温度为75~80℃，残糖质量分数控制在1%~1.5%。酿造高档啤酒，应适当提高残糖质量分数，一般控制在1.5%以上，以保证啤酒的高质量。若过分洗糟，则会延长煮沸时间，对麦汁质量会产生不利的影响，也是不经济的。

五、糖化阶段注意事项

第一，投料水温要调节适当，保证投料后达工艺要求温度。

第二，严格控制糖化生产的各段温度，温度误差不超过1℃，时间误差不超过1 min。

第三，入孔门如不必须打开的则一律关闭，以保证温度和隔氧要求。

第四，糊化锅投料后一直保持搅拌状态至煮醪结束。糖化锅投料后，原则上不开启搅拌器，60℃以上保温时，每隔10 min打开搅拌器2 min。

第五，糖化使用的各种添加剂严格按工艺要求的数量称量，误差≤1%；严格按工艺要求的时间、方式、顺序添加，时间误差≤5 min。

第六，按工艺要求进行碘检，碘反应完全后方可升温并送至过滤工段。

任务四 麦汁过滤

一、麦汁过滤的目的

麦汁过滤的目的：一是将糖化醪液中的原料溶出物和非溶性的麦糟分离，二是得到澄清的麦汁和良好的浸出物收得率，三是因为麦糟中含有的多酚物质会给麦汁带来不良的苦涩味和麦皮味，麦皮中的色素会增加麦汁的色泽，麦汁过滤可以避免麦皮影响半成品麦汁的色、香、味。

二、麦汁过滤的步骤

麦汁过滤可以分两步进行，首先通过过滤过程将麦汁抽出，称第一麦汁（又称头号麦汁）或过滤麦汁的过滤。其次利用热水冲洗出残留在麦糟中的麦汁，称第二麦汁或洗涤麦汁的过滤，也称洗糟。

虽然麦汁过滤过程为物理过程，但在整个过滤过程中，仍有少量的 α 淀粉酶在作用，对麦汁中的糊精进行液化，以提高原料浸出物的收得率。

三、麦汁过滤的过程

麦汁过滤所使用的设备有过滤槽、麦汁压滤机、快速渗滤槽等。最常用的过滤设备是过滤槽。过滤槽是一种利用重力作用进行过滤的设备，目前绝大多数啤酒厂仍采用此设备。其主体结构没有太大的改变，主要变化体现在自动控制、装备水平等方面做了相应改进。

（一）第一麦汁过滤

1. 预热排气

过滤前先泵入 76~78℃热水，将筛板和过滤槽底之间充满热水，使水面刚好没过滤板，以此预热设备并排除管道、筛底的空气，又称顶水。

2. 形成滤饼

将糖化醪液泵入过滤槽，送完后适当开动耕糟器搅拌均匀。提升耕刀，静置 20 min 左右，使麦糟沉降至筛板上，形成过滤层。麦糟层厚度为 35~40 cm，湿法粉碎麦糟厚度可达 40~60 cm。

3. 过滤开始

首先打开麦汁排出阀，然后迅速关闭，重复进行数次，将筛板下面的泥状沉淀物排出。然后打开全部麦汁排出阀，控制流速，以防糟层抽缩压紧，造成过滤困难。开始流出的麦汁浑浊不清，应进行回流，通过麦汁泵打回过滤槽，直至麦汁清亮方可进入煮沸锅。循环时间需要 5~15 min。

4. 正常过滤

随着过滤的进行，沉积的麦糟逐渐压紧，麦汁流速逐渐变小，此时应适当耕糟，耕糟时切忌速度过快，这时应关闭过滤排出阀。

5. 重新开始过滤

将滤出的浑浊麦汁泵回过滤槽，同时应注意控制好麦汁流量。待麦糟刚露出时，停止过滤。第一麦汁过滤完毕，一般需 45~60 min。如麦芽质量较差，第一麦汁过滤时间约需 90 min。

（二）第二麦汁过滤

1. 第一次洗糟

开动耕糟器耕糟，自下而上疏松麦糟层。同时喷洒 76~80℃洗糟水，加水量为洗糟总用水量的 25%。

2. 停止耕糟

静置约 20 min，回流浑浊麦汁至清亮，开始过滤。

3. 洗糟

分 2~3 次洗糟，第二次洗糟水用量为总用水量的 45% 左右，其他操作同第一次洗糟。洗糟时间控制在 45~60 min，至残糖浓度达到工艺规定值，残糖浓度一般控制在 1.5% 左右。

4. 排糟

过滤结束，开动耕糟机将麦糟排出，清洗过滤槽。

四、影响麦汁过滤的因素

（一）过滤槽的压力差

过滤槽的压力差是指麦糟层上面的液位压力与筛板下的压力之差。压差增大，虽能加快过滤速度，但容易压紧麦糟层，板结后流速反而降低。

（二）滤层厚度

滤层厚度增加，相对过滤阻力增大，过滤速度降低。滤层厚度与投料量、过滤面积、麦芽粉碎的方法及粉碎度有关。滤层厚度越大，过滤速度越慢；滤层厚度太薄，虽然过滤速度快，但会降低麦汁透明度。

（三）滤层的阻力

滤层的阻力越大，过滤速度越慢。滤层阻力的大小取决于孔道直径的大小、孔道的长度和弯曲性、孔隙率。滤层阻力是由糟层厚度及糟层渗透性决定的。

（四）麦汁黏度

麦汁黏度越大，过滤速度越慢。麦汁黏度与麦芽溶解情况、糊精含量、β 葡聚糖分解的程度、醪液浓度及糖化温度有关。麦芽溶解不良，胚乳细胞壁的 β 葡聚糖、戊聚糖分解不完全，醪液黏度大，麦汁温度低、浓度高，均造成麦汁黏度大。

（五）过滤面积

对于相同质量的麦汁，过滤面积越大，过滤所需时间越短、过滤速度越快。反之，过滤面积越小，过滤所需时间越长、过滤速度越慢。

任务五　麦汁煮沸

一、麦汁煮沸的目的

（一）蒸发水分

过滤过程中，第一麦汁被洗糟麦汁所稀释，为了在一定的煮沸时间内达到理想的最终麦汁浓度，必须蒸发麦汁中多余的水分，以达到工艺要求的浓度。

（二）酶的钝化

酶的钝化即破坏全部酶的活性，主要是停止淀粉酶的作用，稳定可发酵性糖与糊精的比例，稳定麦汁组分，确保糖化与发酵的一致性。

（三）麦汁灭菌

通过煮沸，杀灭麦汁中的各种微生物，特别是乳酸菌，避免发酵时发生酸败，以保证最终啤酒的质量。

（四）蛋白质的变性和絮凝沉淀

麦汁煮沸过程中，析出某些受热变性以及与单宁物质结合而絮凝沉淀的蛋白质，提高啤酒的非生物稳定性。

（五）酒花成分的浸出

在麦汁煮沸过程中添加酒花，将其所含的软树脂、单宁物质及芳香成分等溶出，以赋予麦汁独特的苦味和香味，同时提高啤酒的生物和非生物稳定性。

（六）降低麦汁的 pH 值

煮沸时，水中钙离子与麦汁中的磷酸盐起反应，使麦汁的 pH 值降低，有利于 β 球蛋白的析出和成品啤酒 pH 值的降低，有利于啤酒生物和非生物稳定性的提高。

（七）还原物质的形成

大量的类黑素、还原酮能与氧结合而防止氧化，有利于啤酒非生物稳定性的提高。

（八）蒸发出不良的挥发性物质

让具有不良气味的碳氢化合物，如香叶烯等随水蒸气的蒸发而逸出，提高麦汁的质量。

二、麦汁煮沸的方法

常用的煮沸方法有夹套加热煮沸法、内加热式煮沸法和外加热煮沸法等，我们主要学习外加热煮沸法。

外加热煮沸法是采用强制循环的方式给热，可产生较高的蒸发效率。外加热器为一列管式换热器，设在煮沸锅外面，一个加热器可同时连接 2~3 个煮沸锅，麦汁每小时可循环 8~9 次，麦汁在循环泵送过程中处于受压状态，经过加热器加热温度可升至 110℃，可促进酒花 α 酸的异构化和蛋白质凝聚，缩短煮沸时间。煮沸温度可通过加热器出口处的节流阀控制。当麦汁被送回煮沸锅时，低压下水分很快蒸发，达到麦汁浓缩的目的。

三、麦汁煮沸过程的工艺要求

（一）麦汁煮沸时间

麦汁煮沸时间是指将混合麦汁蒸发、浓缩到要求的定型麦汁浓度所需的时间。麦汁煮沸时间应根据麦汁煮沸强度确定，必须掌握好麦汁混合浓度，以便在规定的煮沸时间内达到最后要求的麦汁浓度。

一般来讲，煮沸时间短不利于蛋白质的凝固以及啤酒的稳定性，合理地延长煮沸时间，对蛋白质凝固、α 酸的利用及还原物质的形成是有利的。但过分地延长煮沸时间，会使麦汁质量下降，如淡色啤酒的麦汁色泽加深、苦味加重、泡沫不佳。煮沸时间超过 2 h，还会使已凝固的蛋白质及其复合物被击碎进入麦汁而难以除去。

对于常压煮沸，淡色啤酒煮沸时间一般控制为 60~120 min，浓色啤酒可适当延长；若在加压条件下进行煮沸，煮沸时间可缩短一半左右。

（二）麦汁煮沸强度

麦汁煮沸强度是指麦汁在煮沸时，每小时蒸发水分的百分率。

麦汁煮沸强度是影响蛋白质凝固的决定性因素，对麦汁的透明度和可凝固性氮有显著影响，见表 4–4。

表 4–4　麦汁煮沸强度与可凝固性氮的关系

煮沸强度 /（%/ h）	麦汁煮沸后外观情况	12% 麦汁的可凝固性氮含量 /（mg/100 mL）
4~6	麦汁不够清亮，蛋白质凝结差	2~4
6~8	麦汁清亮，蛋白质凝结物呈絮状沉淀	1.8~2.5
8~10	麦汁清亮透明，蛋白质凝结物呈絮状，颗粒大，沉淀快	1.2~1.7
10~12	麦汁清亮透明，蛋白质凝结物多，颗粒大，沉淀快	0.8~1.2

麦汁的煮沸强度越大，翻腾越强烈，蛋白质凝结的机会就越多，越有利于蛋白质的变性而形成沉淀。煮沸强度一般控制在每小时 8%~10%，可凝固性氮的浓度达 1.2~1.7 mg/100 mL，即可满足工艺要求。

（三）pH 值

麦汁煮沸时最理想的 pH 值为 5.2，此值恰好是蛋白质的等电点。蛋白质在等电点时最不稳定，最容易凝聚析出，有利于蛋白质及它与多酚物质的凝结，从而降低麦汁色度，改善啤酒口味，提高啤酒的非生物稳定性。较低的 pH 值虽然对蛋白质的凝结有利，但却不利于 α 酸的异构化，从而降低酒花的利用率。

任务六 酒花的添加

一、添加酒花的目的

第一，赋予啤酒特有的香味，这种香味来自酒花油蒸发后的存留成分。

第二，赋予啤酒爽快的苦味，这种苦味主要来自异 α 酸和 β 酸氧化后的产物 。

第三，增强啤酒的防腐能力，酒花中的 α 酸、异 α 酸和 β 酸都具有一定的防腐作用。

第四，提高啤酒的非生物稳定性， 酒花的单宁、花色苷等多酚物质能与麦汁中蛋白质形成复合物而沉淀，有利于提高啤酒的非生物稳定性。

第五，防止煮沸时窜沫，麦汁煮沸开始，麦汁中蛋白质开始凝固，此时麦汁极易起沫，加入少量酒花，可以防止窜沫。

二、酒花添加量

（一）传统酒花的添加量

传统酒花添加量通常以每 100 L 麦汁或啤酒所需添加的酒花质量（g）表示。酒花的添加量应根据酒花本身的质量、消费者的喜好及酿造啤酒的类型决定。不同类型啤酒的酒花添加量见表 4–5。

表 4–5　　不同类型啤酒的酒花添加量

啤酒类型	100 L 麦汁的酒花添加量 /g	100 L 啤酒的酒花添加量 /g
淡色啤酒（11%~14%）	170~340	190~380
浓色啤酒（11%~14%）	120~180	130~200
皮尔森淡色啤酒（12%）	300~500	350~550
慕尼黑浓色啤酒（14%）	160~200	180~220
国产淡色啤酒（11%~12%）	160~ 240	180~260

淡色啤酒以酒花苦味和香味为主，添加量应多些；浓色啤酒以麦芽香为主，添加量应少些；质量好的酒花可少加些。近年来，消费者喜欢淡爽型、超爽型、干型、超干型及味香啤酒，所以酒花添加量有下降的趋势。

（二）以 α 酸为基础确定酒花添加量

国际上多以酒花的 α 酸含量来确定酒花添加量。根据酒花的 α 酸含量确定酒花的添加量，目的是使用不同的酒花仍然能达到基本相似的酒花苦味度，使啤酒的苦味值保持稳定。

啤酒的苦味以苦味值单位 IBU 表示，不同类型啤酒的苦味值与 α 酸添加量的关系见表 4–6。

表 4–6　　不同类型啤酒的苦味值与 α 酸添加量的关系

啤酒种类	100 L 啤酒添加 α 酸量 /g	苦味值 / IBU
小麦啤酒	5~ 7	14~20
强啤酒	6~8	19~23
三月啤酒	7~ 8.5	20~25
无醇啤酒	7~9	22~28
出口啤酒	7.5~11	10~ 22
皮尔森啤酒	10~16	28~40

三、酒花添加的方法

酒花加入麦汁中的时间和方法对啤酒的口味，特别是对酒花的利用程度有重要的影响。酒花的添加一般采用多次添加的方法。酒花制品的添加原则与酒花添加原则大体相同。

（一）一次添加法

对于苦味物质含量较低和酒花香味不突出的啤酒，其酒花一般在麦汁煮沸开始时一次性加入，也有在煮沸开始后 5~10 min 加入的，以使麦芽多酚与高分子含氮物质先进行反应，并由此减少由于凝聚物的形成所造成的苦味物质的损失。一次添加的方法可以达到尽可能高的苦味物质收得率。

（二）两次添加法

第一次以 70%~80% 的酒花量在煮沸开始后 10~20 min 加入，第二次将剩余的酒花在煮沸结束前 30 min 加入。

（三）三次添加法

第一次加酒花在初沸 5~10 min 后，加入总量的 20% 左右，压泡，使麦汁多酚和蛋白质充分作用。第二次加酒花在煮沸 40 min 左右，加总量的 50%~60%，萃取 α 酸，并促进 α 酸异构化。第三次加酒花在煮沸结束前 5~10 min，剩余量全部加入，最好是香型花，萃取酒花油。

（四）干投酒花

干投酒花主要应用于 IPA 啤酒的酿造中。IPA 代表着一种以酒花风味为最大特色的啤酒，从而衍生出了无数变种。IPA 属于典型的上面酵母发酵型爱尔啤酒，发酵温度较高，一般为 16~20℃，因此，发酵工程中形成的代谢副产物较多，特别是酯类物质。IPA 与普通爱尔啤酒相比，其苦味值和香气尤其突出。

1. 传统的干投酒花技术要点

通常将酒花（新鲜的原花苞、颗粒酒花、压缩原花苞）直接添加到后熟或后贮罐中。有时可以将酒花先放置于啤酒过滤前的清酒罐中，等啤酒过滤后注入清酒罐中，将酒花中的香味物质浸出，使之赋予原酒花的香气和风味。

也可以利用通透性良好的酒花袋进行添加。选用酒花添加袋要保证袋子不能有任何异味且具有良好的透气性，有利于酒花与酒液的接触，一些细小的酒花物质易于通过酒花袋溶入酒液，将酒花香气释放到酒液中。

还可以罐体顶部添加。在罐体上部干投时将酒花添加袋通过上部人孔和专用酒花手孔添加。再使用循环泵将酒液至少循环两次以上，以便将酒花的香味等物质充分溶解，操作时一定注意溶解氧和连接管道系统的杀菌处理。

2. 体外循环式干投酒花技术要点

为避免大罐干投酒花时造成溶解氧和微生物污染等问题，多数啤酒厂大多选用体外循环工艺技术进行酒花干投，通常分为热法和冷法干投技术。

任务七 麦汁的冷却与充氧

一、麦汁冷却的目的

为防止麦汁由于长时间在高温下氧化而导致麦汁色度上升和营养成分降低，麦汁煮沸以后，应尽快冷却。将煮沸的麦汁冷却至发酵温度，以满足酵母发酵的要求。在冷却过程中分离麦汁中的热、冷凝固物，以改善发酵条件和提高啤酒质量。麦汁冷却后充入适量氧气，以提供酵母繁殖至一定浓度所需的营养条件。在处理麦汁的过程中尤其在冷却后应防止杂菌污染，因此操作时应严格控制。

小贴士

热凝固物：热凝固物又称煮沸凝固物或粗凝固物，是以蛋白质和多酚物质为主的复合物。在麦汁煮沸过程中，由于蛋白质变性和多酚物质的不断氧化、聚合而析出，同时吸附了部分酒花树脂及其他有机物而形成。

冷凝固物：又称细凝固物，也是以蛋白质和多酚物质为主的复合物，加热可以溶解。

二、热凝固物分离

大量的热凝固物进入发酵麦汁中，会影响酵母的正常发酵以及啤酒的色泽、口味和稳定性等。因此必须对热凝固物进行分离。分离热凝固物的方法很多，有沉淀槽分离、回旋沉淀槽分离、离心机分离和硅藻土过滤机分离等。国内大多数啤酒厂采用回旋沉淀槽分离热凝固物。

（一）回旋沉淀槽的结构

回旋沉淀槽的主体为圆筒形，槽底形状有平底、杯底、锥底等，应用最多的是圆柱平底槽。

（二）分离原理

麦汁煮沸结束后，用泵将热麦汁沿着回旋沉淀槽切线方向打入，麦汁在槽内作减速回旋运动，同时产生离心力，麦汁液面形成凹形抛物面，在离心力的作用下，热凝固物会迅速下沉至槽底中心，形成一个较密实的倒锥形沉淀物（酒花糟）。

（三）操作过程

从底部进料口泵入热麦汁；当液位升至进料口处，调节麦汁旋转速度至 10 r/min，进料时间为 20~30 min；进料结束后静置 25~40 min；由上至下依次打开出口阀排出清亮麦汁；用水冲洗热凝固物，于第二次洗槽过滤时送入过滤槽，以回收热凝固物中的残糖；清洗回旋沉淀槽，备用。

三、麦汁冷却与充氧

利用回旋沉淀槽分离出热凝固物后，麦汁要进行冷却。

（一）冷却要求

冷却时间要短，温度要保持一致；避免微生物污染；防止沉淀进入麦汁；保证足够的溶氧。

（二）麦汁充氧

一般来讲麦汁中适量的溶解氧有利于酵母的生长和繁殖。酵母是兼性厌氧微生物，在有氧条件下生长繁殖，无氧条件下进行酒精发酵。麦汁泵入发酵罐时，由于酵母添加量很少，发酵之前需要繁殖到一定的数量，这阶段是需氧的。因此，冷却后的麦汁要进行通风充氧，一般以使麦汁含氧达到 8~12 mg/L 即可。

四、冷凝固物分离

冷凝固物又称冷浑浊物或细凝固物，是麦汁在 60℃以下冷却时凝聚析出的浑浊物质。随着温度的降低，析出物逐渐增多，25~35℃时析出最多。冷凝固物的析出量与麦芽质量、糖化工艺、麦汁过滤、煮沸和冷却方法有关。

麦汁冷却后产生的冷凝固物，应设法尽快分离，以保证发酵过程的顺利进行。冷凝固物如保留在麦汁中，会污染酵母，给啤酒发酵带来不良的影响。冷凝固物的分离方法有锥形发酵罐分离法、浮选法、离心分离法和冷麦汁过滤法。通常采用锥形发酵罐分离法和浮选法。

锥形发酵罐分离法将冷麦汁泵入锥形发酵罐，添加酵母发酵，从锥形发酵罐底定时排放冷凝固物和部分酵母。

任务八　发酵与储酒

在冷却后的麦汁中接种酵母，便开始进入啤酒发酵过程。传统的啤酒发酵过程分为主发酵（又称前发酵）和后发酵两个过程。在整个发酵过程中，酵母先后经历有氧呼吸、无氧发酵两个阶段。酵母添加后，在有氧条件下，酵母逐渐恢复活性，以麦汁中的可发酵性糖为碳源，以氨基酸为主要氮源进行呼吸作用，从中获得生长繁殖所需要的能量和营养。在有氧呼吸阶段，麦汁中的糖类被分解为二氧化碳和水，并释放出大量的能量。当发酵液中的溶解氧耗尽后，酵母便开始进行无氧发酵。在无氧发酵阶段中，麦汁中的糖逐渐被酵母发酵生成乙醇和二氧化碳，这就是主发酵过程。而在后发酵过程，酵母的生长繁殖逐渐减慢，发酵液中的酵母继续将残留的糖分分解成乙醇和二氧化碳，在密封的容器中二氧化碳很容易溶于酒内，达到饱和。由于后发酵温度较低，可以促进啤酒的成熟和澄清，最后酵母的生长繁殖直至停止。

为了缩短发酵周期，提高发酵设备利用率，提高啤酒产量，现普遍采用立式锥型底大容量发酵罐进行发酵，即让主发酵和后发酵在同一个容器中进行，这种方法操作简单，在啤酒发酵过程中不用倒罐，避免了在发酵过程中接触氧气的可能，罐的清洗方便，消耗洗涤水少，省时、节能。下面我们来具体了解一下详细的发酵过程。

一、麦汁进罐

（一）添加批次

由于生产中使用的立式锥型底发酵罐的容积较大，有时需要几批次的麦汁量才能装满一罐，所以麦汁进罐多采用分批直接进罐。

（二）满罐时间和温度

满罐时间一般控制在 20 h 之内。满罐温度的高低直接影响酵母的增殖速度、降糖速度及发酵周期。若满罐温度过低，则自然升温时间长，酵母前期增殖迟缓，不利于啤酒快速发酵，而且啤酒的发酵度也比较低；若满罐温度过高，则酵母前期增殖过快，降糖幅度太大，导致酵母因缺乏足够的营养而使代谢功能减弱，影响对双乙酰的还原以及封罐后二氧化碳的产生和溶解，使啤酒的口味及泡沫性能下降。麦汁进入发酵罐后，由于酵母开始繁殖时会产生一定的热量，使罐内温度升高，所以温度应遵循“先低后高”的原则，最后达到工艺要求的满罐温度。通常宜将麦汁的满罐温度控制在比主发酵温度低 2℃左右。

二、酵母接种

（一）接种量

立式锥型底罐大容量发酵要求酵母发酵速度快，双乙酰形成迅速并且能快速还原，这就要求在较短的时间内，发酵液中悬浮的酵母细胞能够达到一定的数量，因此必须适当增加酵母的接种量。但若接种量过大，大量消耗麦汁中的营养物质，会造成麦汁中营养不足，酵母的死亡率增加，回收酵母的活性下降，甚至发生酵母自溶而使啤酒带有酵母味。从提高回收酵母的活性、防止酵母快速衰老、降低酵母死亡率、增加酵母使用代数等方面综合考虑，酵母的接种量通常控制在 0.6%~0.8%。

（二）接种方式

酵母的接种主要有两种方式：一种是分批接种，即在第一批进罐的麦汁中先加入少量的酵母，麦汁的溶解氧维持在 8 mg/L，而后将剩余的酵母全部加入第一批麦汁中，麦汁的溶解氧要求维持不变，以后进罐的麦汁要采取少通风或不通风；另一种是一次性接种，即将所需要的酵母一次性添加到第一批麦汁中，在进罐时可采用文丘里管或静态混合器，使空气、酵母、麦汁混合均匀。后一种方式操作简单，酵母的起发速度快，能有效地缩短酵母的延滞期，但要注意控制麦汁的进罐时间，时间过长会产生较多的发酵副产物。

三、通风供氧

麦汁中的溶解氧受通风量、空气分散程度及麦汁浓度的影响。啤酒发酵是一个典型的有氧繁殖、厌氧发酵的过程，有氧就能增加单位麦汁中的酵母数，增加酵母的发酵能力及还原双乙酰的能力。麦汁中正常的溶解氧浓度为 8 mg/L 左右。若溶解氧不足，则酵母增殖缓慢，啤酒中的双乙酰含量高，且发酵度低。若溶解氧过多，则双乙酰的峰值较高，酵母产生的代谢副产物增多，影响啤酒的质量。在发酵前期，酵母吸收麦汁中的溶解氧，为酵母细胞的繁殖提供所需的能量。在麦汁分批加入发酵罐的过程中，前两批麦汁要正常通风，以后几批可以少通风或不通风。

四、发酵过程

根据发酵过程中温度控制的不同，发酵过程分为主发酵期、双乙酰还原期、降温期、后发酵和储酒期四个阶段。

（一）主发酵期

麦汁满罐后添加酵母，酵母开始大量繁殖，消耗麦汁中可发酵性糖，同化麦汁中低分子氮源，当繁殖达到一定程度后开始发酵。随着降糖速度的不断加快，发酵趋于旺盛，产热量增大，温度随之升高，α 乙酰乳酸向双乙酰转化速度加快。由于这个阶段发酵旺盛，产生大量的二氧化碳，并在罐体内形成浓度梯度。刚开始在锥型罐内下部的酵母浓度高，酵母起发速度快，因而下部的二氧化碳浓度高于中上部，而下部发酵液密度低于中上部，造成发酵液由下向上形成强烈对流。随着发酵液对流速度加快，升温也快，所以这一阶段应开启上段冷却带，控制冷媒的流量使产生的冷效应与发酵过程中产生的热量相抵消，并关闭中、下段冷却带，以保证旺盛发酵。此时罐内温度上低下高，以加快发酵液从下向上对流，从而使发酵旺盛，降糖速度加快，酵母悬浮性增强，双乙酰的还原加快，有利于啤酒的成熟。如果出现发酵过于旺盛，温度难以控制，或罐体保温差，外界温度又偏高或冷媒进口温度较高，不足以抵消发酵产生的热量时，为了温度平衡可打开中段冷却带协助冷却。

（二）双乙酰还原期

双乙酰还原期的确定是以糖度变化为依据的。当糖度降至规定值时即认定转入双乙酰还原期。不同企业的糖度规定值也不一定相同，一般认为在达到规定发酵度的 90% 时的糖度为规定值。

双乙酰还原期的温度控制方法可分为三种。

第一，低于主发酵温度 2~3℃还原。这种方法的还原时间较长，一般为 7~ 10 天，酵母不容易死亡和自溶，啤酒口味较好。

第二，与主发酵相同温度还原。这种方法实际上是不分主发酵和后发酵，还原时间较短。

第三，高于主发酵温度 2~4℃还原。这种还原方法是目前常用的，还原期可缩短至 2~4 天。采用这种较高温度还原的方法，就是当发酵液糖度降至规定值时，关闭冷却，使发酵液温度自然升至 12℃，使发酵罐压升至 0.12 MPa，进入双乙酰还原期。虽然在发酵液中还含有少量的可发酵性糖，经发酵会产生一定的热量，但相对于主发酵期产热量已少得多。由于此阶段温度上升缓慢，所以可通过调节底部的冷却带来控制还原温度，同时关闭中、上段冷却带，以减轻发酵液的对流强度，为下一步酵母沉降创造条件。

（三）降温期

随着糖度继续降低，双乙酰还原至0.1 mg/L以下时，开始以每小时0.2~0.3℃的速度将发酵液的温度降至4℃左右（有的直接降至0℃）。在此阶段由于发酵温度逐渐降低，酒液密度逐渐增大，酒液密度变化引起的对流由上而下流动；又由于发酵速度随着发酵温度的降低而逐渐减缓，以及由酒液温差变化所引起的热对流作用，也使酒液由上而下流动，这一阶段的对流情况由原来的向上流动逐渐转为向下流动。因此这一个时期应以控制下部温度为主，使罐顶温度高于罐底温度，以利于由上而下的对流，促进酵母及凝固物的沉降，这样有利于酵母的回收、酒液的澄清和二氧化碳的饱和，有利于酒质的提高和口味的纯正。在降温期间，降温速度一定要缓慢、均匀，防止结冰，宁可控制降温时间长一些，也不可将冷媒温度降得太低或降温太快。

（四）后发酵和储酒期

麦汁经主发酵后的发酵液称为嫩啤酒，嫩啤酒的特点是：酒体还不够成熟，二氧化碳含量不足，不适合饮用；酒液中大量的悬浮酵母和凝固物还未沉淀下来，酒液还不够澄清；酒液中含有的双乙酰、硫化氢等挥发性物质的含量远远超过规定的范围。主发酵结束后的酒液必须经过一定时间的储存，这个时期就是啤酒的后发酵和储酒期。

1. 后发酵的作用

（1）使残留糖分继续发酵：发酵液的外观浓度在4%~4.2%，还有一部分糖类需要继续发酵。后发酵时间一般为7~10天，温度控制在3~4℃，平均每天降糖低于0.3%。7天后逐步降温至1~2℃，进入低温储酒期。

（2）饱和二氧化碳：二氧化碳是啤酒的重要组成成分，它对啤酒泡沫的形成、啤酒的稳定性和杀口力有重要的作用，还能防止酒液的氧化和杂菌污染。成品啤酒中二氧化碳的含量为0.5%左右。若经后发酵二氧化碳仍没有达到饱和，可以采用人工充二氧化碳气体的方法使其达到饱和。达到饱和后，啤酒的储藏时间越长，酒对二氧化碳的吸附作用越强，对啤酒的质量越有利。溶解在酒中的二氧化碳量与发酵罐压和储酒温度有关，发酵罐压越高，温度越低，则酒液中溶解的二氧化碳量越多。在后发酵正常的情况下，发酵罐压力一般维持在 0.06~0.08 MPa，储酒温度维持在 –1~1℃，啤酒中的二氧化碳就可以大于 0.5%。二氧化碳含量还与储酒容器的深度有关，较高的储酒罐在底部的二氧化碳含量较表面高得多，罐高每增加 1 m，酒液压力就增加 0.01 MPa，二氧化碳的含量增加 0.03%~0.04%。

（3）促进啤酒的成熟：在啤酒的主发酵过程中生成双乙酰、硫化氢、乙醛等，影响啤酒的成熟，必须在后发酵过程中除去。在啤酒后发酵期间，利用二氧化碳的洗涤作用，可以排除这些物质，促进啤酒的成熟。

（4）啤酒的澄清：在后发酵和储酒期间，酒液中各种悬浮物逐渐沉淀下来。这些悬浮物主要是随发酵液进入后发酵的一些酵母细胞、蛋白质冷凝固物、酒花树脂和一些蛋白质—多酚氧化物的复合物。这些物质的存在，使酒液的后处理（如过滤）变得困难，产率低。储酒期间，随着酵母的沉淀，它吸附或夹杂其他的杂质逐渐沉淀在容器底部，使酒液变得澄清，有利于啤酒的过滤。

影响啤酒澄清的因素有：一是酵母的凝聚性，凝聚性强的酵母沉降速度快，有利于酒液的澄清；二是储酒温度，储酒温度越低，冷凝固物从酒液中析出越多，能促进酒液的澄清，而且析出的浑浊物可在啤酒过滤时除去，对成品啤酒的保存期也有利；三是啤酒成分，啤酒中高分子氮、β 葡聚糖和糊精的含量对酒液的澄清也会产生影响；四是发酵度，若发酵度高，说明酒液中的残留的糖少，酒液的黏度相对较低，澄清相对较快。

加速啤酒澄清的措施有：一是添加吸附剂，利用吸附剂的表面活性，将酒液中的悬浮物吸附，以达到促进酒液澄清的目的；二是加蛋白酶，在低温储酒时加入适量的蛋白酶，可加速啤酒的澄清。

2. 后发酵工艺要求

（1）下酒工艺：下酒时一般采用下面下酒法，指发酵液从储罐的底部进入，这种方法不易起泡，而且罐内的空隙容易控制。下酒时应尽可能地避免酒液与氧的接触，防止酒的氧化。

（2）压力控制：下酒满罐后，一般敞口发酵 2~3 天，以排除啤酒的生青味，然后即可封罐。发酵罐压缓慢上升，控制罐压 0.05~0.08 MPa。发酵罐压过高，容易串沫；过低，则二氧化碳含量不足，酒味平淡。

（3）温度控制：后发酵多通过室温控制酒温，采用先高后低的储酒温度，开始时控制温度在 3℃左右，以促进双乙酰的快速还原，而后逐步降温至 −1~1℃，以促进二氧化碳的饱和及酒液的澄清。

（4）时间控制：后发酵的时间根据啤酒种类、原麦汁浓度和储酒温度而确定，淡色啤酒的储酒时间比深色啤酒长，原麦汁浓度高的啤酒储酒期限长，低温储酒的时间较高温储酒长。

（5）加入添加剂：为了改善啤酒的泡沫、风味及非生物稳定性，许多国家准许在啤酒中加入适量的添加剂。

3. 储酒期

储酒期是指温度由 4℃降至 −1~0℃的保温阶段。储酒的目的是为了澄清酒液、饱和二氧化碳、改善啤酒的非生物稳定性及啤酒的风味。此阶段随着发酵温度的继续缓慢下降，二氧化碳溶解度增加，反而使酒液的密度随之降低。此时，由密度变化引起的对流缓慢向上流动；又由于随着发酵更加缓慢地进行，罐内下部酒液中的二氧化碳浓度高于中、上部，即下部酒液的密度低于中、上部。从而酒液由原来的向下流动缓慢地转为向上流动。因温差变化小，酒液流向很不规则，向下与向上的对流作用趋于平衡。这一阶段必须有效地控制低温，逐步使发酵罐的边缘与中心、上部与下部温度趋于一致，这样才有利于酒液的澄清和成熟，有利于酵母和杂质的沉降。操作时，此阶段温度控制需打开上、中、下三段冷却带的阀门，保持三段酒液温度平稳，避免温差变化产生酒液对流，而使已沉淀的酵母、凝固物等又重新悬浮并溶解于酒液中，造成过滤困难。这一阶段温度宜低不宜高，严防温度忽高忽低剧烈变化。

五、温度控制及影响

啤酒发酵过程中温度的调节与控制是非常重要，发酵温度的调节、控制是否合理，不仅关系到发酵能否顺利进行，而且关系到酵母本身的性能、发酵周期及最终啤酒的质量。发酵过程中温度的剧烈变化，不仅会使酵母过早沉淀、衰老、死亡与自溶，导致发酵异常，还直接影响到代谢副产物生成，从而影响到啤酒的酒体与风味，影响到啤酒的胶体稳定性。发酵温度的调节与控制应当以麦汁组成、麦汁浓度、酵母特性、酵母添加量、发酵周期、啤酒种类等因素为依据，结合设备等实际情况加以实施，以获取最佳发酵温度曲线。

（一）温度变化对发酵周期的影响

发酵周期包括发酵、成熟两大阶段。发酵阶段时间较短，一般为5~7天，所以此时温度变化对发酵周期的影响并不显著。温度对发酵周期影响最大的是在啤酒成熟阶段，因为这一阶段包括双乙酰的还原、二氧化碳饱和及酒液的澄清，所以时间较长。如果采取高温（12~14℃）还原双乙酰，低温（–1~0℃）储酒工艺，啤酒成熟时间较短；采用缓慢逐步降温的成熟处理，虽然时间相对较长，但是啤酒的口感优于前者，并有较好的胶体稳定性。一般生产高档啤酒、出口啤酒采取低温发酵，较长时间冷储存，逐步降温成熟的方法。而在生产旺季，啤酒货架期相对较短，则可采用较高温度发酵及还原双乙酰，以缩短发酵周期，加速啤酒成熟，使啤酒质量与企业效益得以兼顾。

（二）温度变化对啤酒风味的影响

目前已知啤酒中含有600多种物质，构成啤酒风味的主要物质有醇类、酯类、羰基化合物、酸类、含硫化合物、酚类化合物等。发酵温度对高级醇的生成有重要的影响，发酵温度的改变会影响到高级醇之间的平衡。如果其他工艺条件保持一致，较高的发酵温度会使啤酒中高级醇含量升高，20℃时高级醇生成量最高。啤酒中需要一定量的高级醇来构成酒体和风味，提高发酵温度，酒液中酯类物质的含量明显增加。对于下面酵母，发酵温度由 10℃提高至 20℃，乙酸乙酯含量由 12.5 mg/L 增加至 21.5 mg/L，乙酸异戊酯的含量由 0.53 mg/L 增加至 12.5 mg/L。适宜的酯含量能赋予啤酒愉快的酯香味，但是一旦超过阈值，其风味难以被人们接受。双乙酰是酵母发酵的副产物，对啤酒风味有重要影响。若发酵温度升高，双乙酰含量会相应地增加，特别是温度剧烈变化将严重影响双乙酰的峰值，甚至会产生二次峰值，给双乙酰的还原带来困难。

六、压力控制及影响

除发酵温度外，压力也是重要的工艺参数，因为控制好发酵罐压能使双乙酰在发酵期内得到有效的还原。发酵罐压力高，虽然制约了酵母繁殖与发酵速度，但却有利于双乙酰的还原，而且能明显抑制乙酸乙酯、异戊醇等口味阈值较低的发酵副产物的生成。生产中可根据酵母出芽情况逐级降压，发酵终止时应缓慢降压。

（一）主发酵前期

由于双乙酰已经开始生成，因此在开始阶段产生的二氧化碳和不良的挥发性物质应及时排除，这时应该采取微压，发酵罐压小于 0. 01~0.02 MPa。待外观发酵度为 30% 左右，即酵母第一次出芽已全部长成时才开始封罐升压。

（二）主发酵中期

当外观发酵度达到 60% 左右时，酵母第二次出芽长成，发酵开始进入最旺盛阶段，此时应将发酵罐压升到最大值，发酵罐压的最大值一般控制在 0.07~0. 08 MPa。在发酵最旺盛阶段应稳定发酵罐压不变，以使大量的双乙酰被还原。另外，较高的发酵罐压还有利于二氧化碳的饱和。

七、酵母的回收及排放

通常在双乙酰还原结束后，发酵液温度降至 4℃左右时回收酵母。为保证充足的回收时间，将发酵液温度控制在 4℃左右并保持 48 h，以利于酵母的沉降与回收。进入降温期后，对能重新利用的酵母泥一定要及时回收，这是由于进入降温期后，酵母大量沉积在锥型罐底，从而导致温度计不能准确反映酒液温度，给温度控制带来不便。酵母的回收方式也不尽相同，有的厂家将可回收的酵母专门储存在低温无菌水中，并控制温度不超过2℃。当使用时，经过计量装置后排出使用。也有的厂家将待排的酵母直接从发酵罐中排入酵母添加器后再压入麦汁中，进行下一批的发酵。在酵母回收时，应对回收的酵母定期进行性能测定及生理生化检验。对于降温后的废酵母应及时排放，如果废酵母沉入锥底的时间过长，在储酒时的高压下，会引起酵母自溶或死亡，从而影响成品酒的风味。

八、上面啤酒发酵技术

上面啤酒发酵采用的是上面啤酒酵母，发酵工艺与下面发酵有很大的不同。上面发酵与下面发酵主要技术条件的比较见表4–7。

表4–7　　上面发酵与下面发酵主要技术条件的比较

技术条件	上面发酵	下面发酵
发酵温度 /℃	15	5~6
接种温度 /℃	14~16	5~7
酵母接种量 /%	0.15~0.3	0.4~0.6
主发酵最高温度 /℃	18~20	7.5~10
主发酵时间 / 天	4~6	8~12

（一）上面啤酒发酵的特点

第一，上面发酵的接种温度高于下面发酵，当温度高于14℃时，酵母的生长繁殖速度加快，起发速度也比下面酵母快。上面发酵是在较高的温度下进行的，酵母的繁殖和发酵速度都比较快，因此上面发酵的酵母接种量应适当降低，一般为0.15%~0.3%。

第二，接种后约一天发酵温度即可上升到最高温度20~22℃，在此温度下酵母的发酵速度非常快。每天降糖可达6. 0%，当糖度降至4.5%时封罐，保温保压进行双乙酰还原。主发酵时间一般为4~6天。上面发酵一般都不采用后发酵，当双乙酰的含量下降到0.12 mg/L时，可降温至0~3℃进行后熟，后熟的时间一般为1~3周。

第三，上面发酵的啤酒成熟快，因此设备周转快，但啤酒的保持期短。

（二）上面啤酒发酵的后处理

上面啤酒发酵一般不经过后发酵，而进行一些后处理。

1. 澄清

在主发酵结束后，可添加适当的澄清剂加速酒液的澄清，通常使用鱼胶为澄清剂，鱼胶与酒内悬浮的酵母、蛋白质等物质凝集在一起形成大颗粒而沉淀，使酒液澄清。

2. 充二氧化碳

由于上面发酵不采用后发酵，下酒后需要人工充二氧化碳使其达到饱和。充二氧化碳时应先降低酒温，边冷却边充二氧化碳，直至二氧化碳充分饱和在酒内。

任务九 啤酒过滤与稳定性处理

一、啤酒过滤的目的

啤酒过滤的目的，一是除去啤酒中的悬浮物、浑浊物、酒花树脂等，改善啤酒的外观，使成品啤酒澄清透明，富有光泽。二是除去或部分除去蛋白质及多酚物质，提高啤酒的非生物稳定性。三是除去酵母和细菌等微生物，提高啤酒的生物稳定性。

二、啤酒过滤的基本要求

啤酒过滤的基本要求，一是过滤能力大；二是过滤质量好，滤液透明度高；三是酒损小，二氧化碳损失少；四是不污染，不吸入氧气，不影响啤酒的风味。

三、啤酒过滤设备及操作技术

常用的啤酒过滤设备有板框式硅藻土过滤机、烛式硅藻土过滤机、水平圆盘式硅藻土过滤机、板式过滤机等。一般情况下，一次性过滤即可达到除浊要求。若啤酒清亮度要求较高，可采用两次过滤，即粗滤和精滤。

粗滤用硅藻土过滤，精滤用板式过滤。

四、啤酒的无菌过滤

熟啤酒多采用巴氏杀菌的方法进行杀菌，易丧失其新鲜的口感。若用过滤的方式除去啤酒中的微生物，则无须将啤酒加热，可避免热处理对啤酒的影响。无菌过滤在啤酒灌装前进行，再辅以无菌灌装，既可提高啤酒的生物稳定性，又可保持啤酒原有的新鲜口感。根据滤芯种类的不同，无菌过滤可分为薄膜过滤和深层过滤。

五、啤酒的稳定性处理

啤酒的稳定性主要分成两大类：生物稳定性和非生物稳定性。生物稳定性就是由微生物引起的啤酒稳定性变化，这主要是啤酒生产过程中，由于污染杂菌，过滤除菌或杀菌不彻底而导致啤酒酸败。非生物稳定性指随着储存时间的延长，特别是在温度比较低的情况下（如冬季），冷浑浊物凝固析出，啤酒出现长期浑浊，严重时出现沉淀。这主要是由于啤酒中高分子蛋白质与单宁化合物形成复合物造成的，除去任何一种物质都能提高啤酒的非生物稳定性。

（一）非生物稳定性处理

将瓶装啤酒冷却至0℃，一段时间后观察，发现有轻微的浑浊，加热至60℃后，浑浊消失，这种浑浊称胶体浑浊，分以下两种情况。

一是暂时性浑浊，冷却后出现浑浊，加热至20℃又消失（溶解）。二是永久性浑浊，随着时间的延长，这种冷浑浊不消失。

提高啤酒的非生物稳定性首先要严格工艺操作，其次是采取一些工艺措施。这些工艺措施大都与过滤同时实施，加入一些吸附剂或沉淀剂，去除造成啤酒早期浑浊的蛋白质或单宁物质。

（二）生物稳定性处理

啤酒经过过滤澄清后，仍然含有少量微生物，如啤酒酵母、野生酵母和细菌等。在啤酒的保质期内，这些尚存的微生物或者污染的外界细菌会导致啤酒变质。要提高啤酒的生物稳定性，延长啤酒的保质期，必须将啤酒中的微生物除去。去除微生物的方法主要有两种,即杀菌法和无菌过滤法。

1. 杀菌法

啤酒杀菌多采用低温灭菌或称巴氏灭菌。啤酒杀菌可以在灌装前杀菌，也可在灌装后杀菌。灌装前杀菌一般采用瞬间杀菌，灌装后杀菌一般采用隧道式杀菌。随着生产条件的改善和技术的进步，越来越多的啤酒厂趋向于瞬时杀菌。

2. 无菌过滤法

无菌过滤在啤酒灌装前进行，再辅以无菌灌装，既可提高啤酒的生物稳定性，又可保持啤酒原有的新鲜口感。

（三）口味稳定性处理

在啤酒生产过程中，几乎所有的工艺过程都或多或少地影响啤酒的口味稳定性，而啤酒的口味质量是消费者最敏感的指标之一。啤酒口味的变化主要由麦汁、啤酒吸氧引起的，啤酒与氧气会发生氧化反应，产生令人讨厌的老化味，其反应速度随温度升高而加快，因此氧气是啤酒生产的头号大敌。除此之外，光线照射和剧烈运动也会影响啤酒的口味稳定性，使啤酒产生老化味。因此，啤酒应避免暴晒，尽可能使用棕色瓶或绿色瓶，最好不用白色瓶，也不宜长途运输。

项目五

包装啤酒技术

项目目标

1. 知道瓶装啤酒的包装质量控制，了解瓶装啤酒的包装过程，掌握瓶装啤酒的包装技能。

2. 了解罐装啤酒的包装要求。

3. 掌握桶装啤酒的包装要求工艺和注意事项。

任务一 瓶装啤酒的包装

瓶装是占啤酒市场份额最大的一种包装形式。

一、啤酒瓶的质量控制

（一）新瓶

新瓶的质量要求按照《啤酒瓶》（GB 4544—2020）执行。由于啤酒是带压灌装，每瓶酒的内压一般在0.2~0.3 MPa，因此啤酒生产厂家对于啤酒瓶的耐内压、抗冲击、内应力等物理性能都比较重视。啤酒瓶的理化性能应符合表5–1。

表5–1 啤酒瓶的理化性能

项目	优等品	一等品	合格品
耐内压力 /MPa	≥ 1.6	≥ 1.4	≥ 1.2
内应力 / 级	真实应力≤ 4	真实应力≤ 4	真实应力≤ 4

（续表）

项目	优等品	一等品	合格品
内表面耐水性 / 级	HC3	HC3	HC3
抗热震性 /℃	温差≥ 42	温差≥ 41	温差≥ 39
抗冲击 /J	≥ 0.8	≥ 0.7	≥ 0.6

1. 耐压

能承受一定的压力，包装熟啤酒的容器应承受 1.76 MPa 以上的压力，包装生啤酒的容器应承受 0.294 MPa 以上的压力。

2. 易密封

封口方便，且密封性好。

3. 耐酸

能耐一定的酸度，不能含有与啤酒发生反应的碱性物质。

4. 遮光性强

一般应具有较强的遮光性，避免光对啤酒质量产生影响。一般选择绿色、棕色玻璃瓶或塑料容器，也可采用金属容器。

（二）回收瓶

回收瓶的质量也应符合 GB 4544—2020 的要求，为了保证回收瓶的耐内压和抗冲击等强度指标及外观质量达到要求，此标准建议回收瓶的使用期限为两年。

二、洗瓶

（一）洗瓶目的与要求

第一，洗掉瓶子内外的灰尘、污渍。如果是带商标的回收瓶，还要求完全去除商标。使瓶子内外壁洁净、光亮、无异味。

第二，消毒杀菌。无大肠菌落，细菌菌落不超过 2 个。

第三，瓶内无积水且水为中性。一般要求容量为 500 mL 以上的瓶子内积水少于 3 滴，500 mL 以下的瓶内积水少于 2 滴。生产现场操作工可用酚酞试纸检测积水是否为中性。

第四，保持最低的瓶子破损率。

（二）影响清洗效果的因素

1. 浸泡

瓶子表面污物的分离与脱落需要一定的浸泡时间和溶解时间。一般浸泡时间为 8~10 min。

2. 喷冲

洗瓶机一般都设置组合浸泡槽及紧随其后的喷冲清洗站。

3. 温度

较高的清洗温度能加速污物的溶解与脱离，一般有效处理温度在 70~85℃。

4. 清洗剂

清洗剂一般为碱性，除具有灭菌作用外，还需要达到如下基本要求：第一，渗透性强，对有机物溶解性强，对洗涤物有很好的亲和力。第二，可乳化油脂，不易附着在瓶的表面，且能全溶于水。第三，不易产生膜状物，起泡性小，无毒，不产生有毒废水。第四，能在高硬度的水中使用，不结垢，价格低廉，易于添加、计量。

三、验瓶

（一）验瓶目的

验瓶的主要目的是去除不合格的瓶子。不合格的瓶子包括下列四种情况：第一，未洗净的瓶子，如有污物、商标屑、碱液或瓶内有残液等。第二，瓶子本身存在瑕疵，如破口或瓶身上有炸纹、气泡或瓶颈内凸等。第三，规格不符合要求的瓶子。

（二）验瓶方法

1. 人工验瓶

人工验瓶比较灵活，可根据瓶子的实际情况进行判断。但精力难以长时间集中，高速灌装线单依靠人工肉眼检验空瓶十分困难。

2. 机器验瓶

自动验瓶机是应用光学照相成影原理，从不同角度成影，找出有瑕疵的瓶子。机器验瓶比人工验瓶节省大量的劳动力，效率高。机器使用前要认真调试，使验瓶机既能保证瓶子质量又能降低瓶损。

四、灌装

灌装是啤酒包装过程中的关键工序，决定着啤酒的纯净、无菌、二氧化碳含量及溶解氧等重要指标。啤酒灌装应满足其物理特性、化学特性及卫生要求，并保持灌装前后质量变化不大。

（一）啤酒灌装要求

1. 尽可能与空气隔绝

即使微量的氧也会影响啤酒质量。因此要求灌装过程中的吸氧量不得超过 0.02~0. 04 mg/L。

2. 始终保持一定的压力

压力不稳定易造成二氧化碳逸出，会影响啤酒的质量。

3. 保持卫生

灌装设备结构复杂，不仅要清洗与啤酒直接接触的部位，还要清洗全部设备。

（二）灌装过程

空瓶在进瓶链带上，经过阻瓶器进入进瓶蜗杆并被送到进瓶星轮，经过进瓶星轮后移到瓶托上，由梅花形定心罩固定在正确的位置，空瓶经过两次抽真空、背压、灌酒、卸压、引沫等操作后，灌有酒的瓶子由出瓶星轮运至压盖机。由于啤酒在等压条件下进行灌装，可避免起沫和二氧化碳损失。装酒前瓶子抽真空后充二氧化碳，当瓶内压力与酒缸内压力相等时，啤酒罐入瓶内，气体通过回风管返回储酒室。

1. 第一次抽真

瓶子、对中罩一起气密地压接到灌装阀上，真空阀由固定的挡块顶开。在很短的时间内，瓶中真空度可达 90%。被对中罩顶起的真空保护阀用于防止无进瓶情况下真空系统吸入过量空气而引起真空度降低。

2. 中间二氧化碳背压

通过操作滚轮阀柄，短时开启二氧化碳气体阀，让二氧化碳由酒缸导入瓶中。此过程十分短暂，滚轮阀柄复位即结束，此时瓶内压力升至接近大气压。

3. 第二次抽真空

重复第一步过程，再次得到约 90% 的真空度。由于此次被吸取的是上次抽真空后残留的空气和二氧化碳混合气，所以瓶子中仅剩约 1% 的空气。

4. 二氧化碳背压

重复第二步过程，由于二氧化碳的充入，瓶中二氧化碳的浓度很高，最终瓶内的压力与酒缸内压力达到平衡。

5. 灌酒

当酒缸内压力与瓶内压力平衡时，滚轮阀柄借助弹簧使啤酒阀密封件抬起，酒液向下经伞形分散帽沿瓶壁呈薄膜状流入瓶内。同时瓶内的二氧化碳气体通过回风管返回酒缸中。

6. 灌酒结束

当啤酒的液面达到回气管的管口时，瓶中液面仍会上升，但瓶中所剩气体已无法排出，此时灌装结束。

7. 液位校正

为了达到准确的灌装高度，可通过滚轮阀柄的动作关闭啤酒阀，但气阀仍处于开启状态，然后通过固定安装的曲线挡块顶开侧向安装的二氧化碳附加阀，将压力略高的二氧化碳气体由附加槽导入瓶内。由于压差的缘故，超过回气管端口的那部分啤酒将通过回气管被压回酒缸。

8. 卸压

通过滚轮阀柄的操作使气阀关闭，再通过一个固定安装的挡块顶开侧装的卸压阀，使瓶子与节流嘴连通，瓶内压力由于节流排气而渐渐趋于大气压，可避免压力突变而导致啤酒起泡。

9. CIP 清洗

将清洗帽安装于酒阀下，借助对中罩将其紧压在灌装阀上。整个系统可通过清洗介质循环得到充分清洗。

五、压盖

灌装结束后，为了保证啤酒的无菌、新鲜、二氧化碳无损失，应立即进行压盖。

（一）皇冠盖压盖

广泛使用的皇冠盖压盖机多是回转式压盖机，该机主要由托瓶转台、压盖滑道、压盖模、高度调节装置、料斗、滑盖槽等组成。

皇冠盖一般有21个齿，内衬有高弹性的PVC塑料密封垫，密封性能好，制造容易、成本低，在啤酒行业广泛使用。皇冠盖在送至压盖头的过程中，需要动力进行输送，输送方式有两种，一是气动方式，二是机械/磁吸方式。

压盖工艺过程可分为四步：一是送盖，瓶盖从料斗中按预定的方位通过正盖器和瓶盖滑道送至压盖模处。二是定位，瓶盖进入压盖头的压槽内定位，同时装满啤酒的瓶子也输送到位，并对准压盖头的中心。三是压盖，压盖头下降，瓶盖在压盖模的作用下被压向瓶嘴，实现封口。四是复位，封口后压盖头上升复位，弹簧的力量使被封口的瓶子离开压盖工位。

（二）压盖过程控制要点

1. 密封性

压盖后要求瓶盖封口尺寸控制在28.5~28.8 mm，密封压力≥ 1 MPa。

2. 瓶盖锈蚀程度

啤酒瓶盖的材料有多种，如镀锡或镀铬马口铁、铝合金及不锈钢等。后两种材料不存在生锈问题，但价格比较昂贵。马口铁瓶盖价格合适，但容易生锈。

六、验酒

验酒的要求有以下四个指标：第一，酒液清亮透明，无悬浮物和杂质。第二，瓶盖不漏气、不漏酒。第三，瓶外部清洁，无不洁附着物。第四，啤酒液位符合现行国家标准要求，标签容量≥ 500 mL，液位要满足标签溶液量 ±10 mL；标签容量≤ 500 mL，液位要满足标签容量 ±8 mL。

由于人的视力容易疲劳，用人力验酒难以达到理想的效果。现在多使用漏气检测仪和酒内微细物检测仪进行验酒。

七、贴标

（一）贴标的目的

贴标后的瓶装酒更美观，能标明啤酒的名称、性能、原料配比等，更能引起消费者的消费欲望，提高啤酒的档次和市场竞争力。

（二）标签的内容

根据标签粘贴的位置和形状不同，瓶装啤酒的标签分为身标、肩标、背标、颈标（封顶标）、绑带标等。

标签的内容主要包括：生产厂家、包装商以及销售商的名称、通信地址、联系电话、保质期、酒精含量（%）、净含量（mL）、原麦汁浓度、配料等。此外，还要在标签上标明啤酒的生产日期、灌装班次、批次、时间等。标签上所用的语言应该正确，且清晰、浅显易懂、易读，不产生误解。

（三）标签纸的要求

第一，标签纸表面光洁，印刷性能良好，印刷面耐摩擦。

第二，商标用纸具有一定的吸水性，且耐湿性好，但商标胶不能透过。商标用纸吸水性太差会导致标签边缘翘起，而吸水性太强又会引起标签贴到瓶子上以后打皱，一般以 7~9 g/m^2 为宜。标签通常采用不含木纤维的纸制成，并经机器压光处理。

第三，耐碱性能好，易于被碱液渗透，有利于洗瓶时浸泡除标。

第四，商标的冲切质量要高，边缘光滑；外形尺寸精度高，允许误差 ±0.25 mm。

第五，标签纸的抗拉强度高，弯曲刚度小。湿态抗拉强度应足够大，不低于干态的 30%。

第六，商标胶的凝固时间要短。

第七，标签的存放要求相对湿度 60%~70%、温度 20~25℃，以保证标签的平整性。

（四）贴标的基本要求

第一，商标整齐美观，紧贴瓶壁，不得歪斜、翘起、鼓起、透背、破裂或脱落。

第二，贴标位置正确，圆形商标的下端距瓶底为 2.7~3 cm；方形商标的下端距瓶底为 3.7~4 cm；小瓶商标的下端距瓶底为 1.7~1.9 cm。

第三，尽可能选用耐碱性的纸张。

第四，有选择地使用黏着剂，一般采用糊精、酪素或醋酸聚乙烯酯乳液。

八、装箱

贴商标后的瓶装啤酒需要进行外包装，如装箱、装筐或塑封等，常见的规格箱装啤酒对瓦楞纸箱有一定质量要求。

任务二　罐装啤酒的包装

罐装啤酒酒体轻，储运、携带和开启方便，深受广大消费者的青睐，在市场上已具有和瓶装啤酒并驾齐驱的地位。

一、罐装啤酒包装工序

（一）送罐

罐体不合格者必须剔除，空罐要经紫外线灭菌。

（二）无菌水冲罐

装酒前将空罐倒立，用无菌水喷洗数秒钟，洗净后悬空倒立排水，再以压缩空气吹干。

（三）装酒

罐装啤酒在灌装过程中没有抽真空过程，为了降低溶解氧水平，酒缸一般采用二氧化碳背压，向罐内充二氧化碳后进行等压灌装。酒缸顶温应在 4℃以下，保证酒阀不漏气、酒管畅通，灌装啤酒应清亮透明，酒液高度一致，酒容量（355 ± 8）mL。

（四）封盖

灌装后，使用蒸汽或二氧化碳引沫到灌口，迅速封盖；封口后，易拉罐应不变形、不泄漏，保持啤酒正常外观；封盖后的易拉罐要定时做卷封检测，查看封盖是否严密。

（五）杀菌

装罐封口后，罐倒置进入巴氏杀菌机进行杀菌。喷淋水要充足，保证达到灭菌效果。不得出现胖罐和罐底发黑现象。杀菌温度一般为61~62℃，时间 10 min 以上。杀菌后，由鼓风机吹除罐底及罐身的残水。

（六）液位检查

由于易拉罐是不透明的，一般采用 X- 射线或 γ- 射线液位检测仪检测液位，检测啤酒容量是否达到标准。当液位低于 347 mL 时，接收机收集信息经计算机处理后，传到拒收系统，被橡胶棒弹出而剔除。使用时要注意安全，防止辐射。

（七）打印日期

自动喷墨机在易拉罐底部喷上生产日期或批号。打印后，罐装啤酒倒正后装箱。

（八）装箱及收缩包装

装箱用包装机或手工进行，将 24 个易拉罐正置于纸箱中，也可采用加热收缩薄膜密封捆装机，压缩空气工作压力为 0. 6 MPa，热收缩薄膜温度为 140℃左右，捆装热收缩后，薄膜覆盖整洁、封口牢固。

二、易拉罐及其质量要求

目前市场上普遍采用的是铝制易拉罐。易拉罐铝材厚度为 0.28~0.29 mm，易拉盖铝材厚度为 0.17~28 mm。强度指标和内涂层完整性按国家标准《包装容器　铝易开盖铝两片罐》（GB/T 9106.1—2009）执行。

任务三 桶装啤酒的包装

桶装啤酒一般为未经杀菌的鲜啤酒，口味清爽但保质期不长，适于当地产当地销。若用桶装熟啤酒，一般采取先瞬间杀菌后灌装的办法。

桶装较瓶装或易拉罐包装啤酒成本低，可节省30%以上的费用，极具竞争力。目前世界桶装啤酒产量已占啤酒总产量的20%左右，欧洲国家的桶装啤酒比例更高，如英国的桶装酒占本国总产量的80%左右。包装形式有木桶、金属桶、塑料桶、不锈钢卧式罐等。木桶的处理比较烦琐、不易清洗、灭菌不耐压、修理不方便，目前各国普遍采用不锈钢桶。桶装啤酒的规格主要有30 L和50 L，也有10 L及5 L的小包装。

一、桶装啤酒的包装

（一）不锈钢桶的性质和特点

第一，对啤酒质量如风味、色泽、泡沫以及非生物稳定性等无影响。

第二，桶面光洁，反射能力强，不易很快吸热而使酒温上升。

第三，结构简单，卫生条件好，不易染菌。光洁的内壁很易清洗，用热水、蒸汽或碱水杀菌均可。装桶后如需杀菌也比较容易。

第四，无需涂料，很少修理，质量轻、运费低，易于流通。

第五，配有特殊结构的桶口阀，保证清洗及灌装在密封条件下进行，密封性好，二氧化碳损失少。

第六，一般工作压力可达0.3 MPa。

第七，容易实现清洗和灌装程序控制，有安全监视系统，全自动操作。

（二）桶装啤酒操作要点

桶装啤酒有半自动清洗灌装线和全自动清洗灌装线两种。

1. 预清洗

酒桶使用后回收，需先进行预清洗备用。预清洗包括：压力检验、排除残酒、碱液/酸液清洗、热水清洗、蒸汽灭菌等。

2. 清洗灌装

（1）半自动清洗灌装：包括4个桶自动处理工位（2个清洗工位，1个杀菌工位，1个灌装工位），每个工位的转换需由操作者协助将桶旋转90°，采用二氧化碳背压灌装。整个清洗、杀菌和灌装过程均实行程序控制。生产能力为每小时30~50桶。

（2）全自动清洗灌装：包括6个工位（4个清洗工位，1个杀菌工位，1个二氧化碳背压工位），清洗包括冷水清洗、碱液/酸液清洗及热水清洗。采用二级脉冲清洗，确保内壁清洗干净。灌装采用二氧化碳背压灌装。整个清洗、杀菌和灌装过程实行程序控制。生产能力为每小时50~120桶。

（三）桶装啤酒的技术要求

桶装啤酒的技术要求为温度≤6℃，压力0.25~0.3 MPa，二氧化碳含量≤5.5 g/L。

二、桶装啤酒灌装注意事项

（一）保证洁净

1. 包装容器的洁净

所使用的包装容器必须经过清洗和严格检查，不能使包装后的啤酒受到污染。

2. 灌装设备的洁净

对灌装设备尤其是灌装机的酒阀、酒槽要进行刷洗和灭菌；灌酒结束后每班应走水，加入消毒液杀菌；每周要对酒阀、酒槽、酒管进行刷洗和灭菌。凡与啤酒接触的部分都不能有积垢、酒石和杂菌。灌酒设备最好与其他设备隔绝，灌装机的润滑部分与灌酒部分应防止交叉污染，输送带的润滑要用专用的肥皂水或润滑油。

3. 管道的洁净

一切管道都要保持洁净，每次要灭菌，每天要走水，每周要刷洗。

4. 压缩空气或二氧化碳的洁净

用于加压的压缩空气或二氧化碳都要进行净化，对无油空压机送出的压缩空气要进行脱臭、干燥或气水分离。要经常清理空气过滤器，及时更换脱臭过滤介质，排除气水分离器中的积水。对二氧化碳要进行净化、干燥处理，保证二氧化碳纯度达 99.5% 以上。

5. 环境的洁净

保持灌酒间环境的清洁卫生，每班进行清洁、灭菌。

（二）防止氧的进入

第一，适当降低灌装压力或适当提高灌装温度，减少氧的溶解。要求采用净化的二氧化碳作抗压气源，或用抽真空充二氧化碳的方法进行灌装。

第二，加强对瓶颈空气的排除。啤酒灌装后，压盖之前采用对瓶敲击、喷射高压水或二氧化碳滴入啤酒或超声波振荡等方法，使瓶内啤酒释放出二氧化碳，形成细密的泡沫向上涌出瓶口，以排除瓶颈空气，该操作称为激沫。

第三，灌装机尽可能靠近清酒罐，以降低酒输送中的空气压力，或采用泵送的办法，减少氧的溶解。

第四，灌装前要用水充满管道和灌装机酒槽，以排除其中的空气，再以酒顶水，减少酒与空气的接触。

第五，清酒中添加抗氧化剂如维生素 C（或其钠盐）、亚硫酸氢盐等。

（三）低温灌装

低温灌装是啤酒灌装的基本要求。啤酒温度低时二氧化碳不易散失，泡沫产生量少，有利于啤酒的灌装。啤酒灌装温度在 2℃左右，不得超过 4℃。若酒温高，应降温后再灌装。每次灌装前（尤其在气温高时），应使用 1~2℃的水将输酒管道和灌装机酒槽温度降下来。

（四）灭菌

桶装熟啤酒的灭菌是保证啤酒生物稳定性的重要手段，必须控制好灭菌温度和灭菌时间。同时，要避免灭菌温度过高或灭菌时间过长，以减少啤酒的氧化。灭菌后的啤酒要尽快冷却到 35℃以下。

项目六 评鉴工坊啤酒

项目目标

1. 知道啤酒感官质量指标要求。
2. 掌握啤酒评酒的术语。
3. 知道世界著名啤酒节和啤酒大赛。

任务一 啤酒感官质量

一、色泽

啤酒的色泽按颜色分为淡色、浓色和黑色三种。淡色啤酒的色泽主要取决于原料麦芽和酿造工艺；深色啤酒的色泽来源于麦芽，另外也需要添加部分着色麦芽或糖色；黑色啤酒的色泽则主要依靠焦香麦芽、黑麦芽或糖色所形成。

淡色啤酒又称浅色啤酒，颜色为淡黄色、金黄色或琥珀色，若色泽呈黄棕色或黄褐色，则说明啤酒质量差；浓色啤酒呈红棕色或红褐色；黑色啤酒呈红褐色至黑色。

良好的啤酒色泽，不管深浅，均应光洁醒目。发暗的色泽，主要是原料不好或操作不当所致。至于光洁醒目，除色泽本身的因素外，还要依靠啤酒透明度的配合，如果啤酒发生浑浊现象，其色泽的特点呈现不出来。

不同类型的啤酒色度有一定的范围要求。下面是几种典型啤酒的色度值：皮尔森型淡色啤酒为 5.8~8.8 EBC，淡色烈性啤酒为 9.5~11.1 EBC，维也纳型淡色啤酒为 18~30 EBC，黑啤酒为 45~95 EBC。

二、透明度

成品啤酒外观应清亮透明（含酵母啤酒除外）、有光泽，不应该有浑浊甚至沉淀。

三、泡沫

泡沫是啤酒的典型特征之一，是一项重要的质量指标。啤酒区别于其他饮料的最大特征是倒入杯中具有长久不消的、洁白细腻的泡沫。啤酒泡沫的好坏应从起泡性、泡沫形状、泡沫颜色、附着力和泡沫持续性等方面进行评价。

（一）起泡性

起泡性指按照规定要求将啤酒倒入洁净杯中时，形成泡沫的能力和高度。起泡正常的啤酒，泡沫高度通常在 60~70 mm 以上。

（二）泡沫形态

泡沫形态应细腻，形态粗大的泡沫消失速度快。

（三）泡沫颜色

泡沫颜色应洁白，表面也可微带黄色。

（四）附着力

通俗地讲，附着力是啤酒挂杯情况，指泡沫附着于杯壁的能力。品质优良的啤酒，饮用完毕后，空酒杯的内壁应均匀布满残留的泡沫。啤酒泡沫残留越多，说明附着力越好。

（五）泡沫持续性

泡沫持续性指啤酒注入杯中，自泡沫形成到泡沫消失所能持续的时间。持续性良好的泡沫往往在啤酒饮用完后仍未消失。国家规定，啤酒泡沫持续在 180 s 以上，优质啤酒的泡持性大多控制在 300 s 以上。

四、二氧化碳含量

啤酒中含有饱和溶解的二氧化碳，这些二氧化碳是在发酵的过程中产生的，或是通过人工充二氧化碳于酒中的。二氧化碳含量直接影响啤酒泡沫，足够的含量利于起泡，饮后有一种舒适的刺激感，习惯上称为“杀口力”。啤酒中若缺乏二氧化碳，那就不能称之为啤酒，而是一杯乏味的苦水。成品啤酒的二氧化碳含量一般为 0.40%~0.65%。

五、风味与酒体

（一）爽快

爽快指有清凉感，利落的良好味道，即以爽快、轻快、新鲜、清凉感、利落表达的味感。反义语有缓慢（迟钝）、腻厚、黏口、浑浊、腻人、不利落、后味不好、沉重、无清凉感、不爽快等。

（二）口味纯正

口味纯正指无杂味、味感纯正，表现为纯正、无杂臭味、干净等。反义语为有杂味、不纯正、怪味、异味等。

（三）柔和

口感柔和指良好的啤酒花的芳香和上等品中温和的苦味，即表现为温和、柔和、滑润、口味好等。酸、甜、苦、辣、咸五味调和才能显示为柔和。反义语为粗糙、干枯生硬、不滑润等。

（四）醇厚

醇厚指香味丰满、有浓度、给口中以满足感，表现为醇厚、芳醇、丰满、浓醇等。啤酒的醇厚，与其说是这些物质的浓度，不如说胶体状态，即胶体分散度才是重要因素，因此醇厚性在很大程度上与原麦汁浓度有关。但浸出物含量低的啤酒有时会比含量高的啤酒口味更丰满，发酵度低的啤酒并不醇厚，而发酵度高的啤酒多是醇厚的。酒精含量高、泡持性好的啤酒同时也是醇厚的啤酒。慕尼黑型的浓色啤酒、多特蒙德啤酒、青岛啤酒都是醇厚啤酒。

（五）适饮性

啤酒只有适饮性好，人们才能大量消费，工厂才能继续生产。

淡色啤酒应突出明显的酒花香味和细腻的酒花苦味，苦而不重。凡苦味粗重，长时间存喉间而不消失者，是不受欢迎的。淡色啤酒的酒体喝起来应爽而不淡，柔和适口。浓色啤酒和黑色啤酒一般苦味较轻，应具有突出的麦芽香味。浓色啤酒的酒体较醇厚，但应无黏甜的感觉。

六、饮用温度

啤酒的饮用温度很有讲究，在适宜的温度下饮用，很多成分互相协调平衡，给人一种舒适的感觉。啤酒适宜在10~12℃温度下饮用。淡色啤酒适宜于温度较低饮用，浓色啤酒和黑啤酒适合于稍高温度饮用。太高的饮用温度，易使酒内二氧化碳不足，缺乏应有的杀口力，酒味就会显得苦重而平淡，一些细致的酒味缺点也容易暴露出来。当然，过低的饮用温度也是不适宜的，会使人们的感觉麻木，一些挥发性香味成分的作用也不容易显示出来。

任务二　啤酒评酒术语

评酒术语是以准确、精练的语句表达酒的质量的用语。这些用语因长期使用，极易为人们所理解，达到了言简意赅的效果。评酒术语只是用来描绘各种酒质的常用语，很多是概念性的词语或比较性的形容词。品评人员应结合自身的实践和感受，并通过记忆和比较，才能恰如其分地使用。按啤酒质量标准，评酒指标有四个方面：外观、色度、泡沫、香气和口味。外观和色度是啤酒的外表，直观感觉是否让人信任和喜欢；啤酒泡沫好会使人觉得这杯啤酒可能是高质量的；真正的质量实质是啤酒的香气和口味。一般情况下，这四项评酒指标是相辅相成的。

一、外观

啤酒外观要求清亮透明，无明显的悬浮物和沉淀物，浊度不超过1 EBC。

啤酒的清亮透明程度和有无明显沉淀物能给消费者第一印象，是反映啤酒质量的一个重要外观指标。影响啤酒清亮程度主要有以下三个因素：

首先，是清酒酒液过滤效果的好坏。其次，是发酵液的基本特性，热凝固物、冷凝固物去除不彻底，酵母不强壮产生自溶，经常难以过滤澄清。再次，是啤酒的稳定性，生物、非生物稳定性差会发生各种不同因素的浑浊沉淀。

二、色度

色度不仅是啤酒感官质量的一个重要指标，而且也是啤酒储存过程中风味物质变化的一个重要标志。啤酒中的色素主要来自两方面：一是生产过程的褐变反应，包括美拉德反应、焦糖化反应、氧化反应；二是麦芽和酒花的多酚类衍生物。

三、泡沫

泡沫颜色应洁白，形态细腻像奶油，泡体持久缓慢下落，泡沫边缘挂杯。

四、香气和口味

优质啤酒要求有协调的香气，酒花香气明显，并有一定的麦芽香、口味纯正、爽口、酒体谐调、柔和、无异香异味。

啤酒的香气和口味取决于留在啤酒中的各种风味物质和香气成分之间的平衡，啤酒的特有香味也不是某一特定成分，而是由许多成分协调表现出来的。要提高啤酒的香气和口味水平，不能只注重某一特殊成分，要看协调的结果。

啤酒的香气包括酒花香气、麦芽香气和发酵时含氮物质代谢生成的芳香物质。酒花香气是酒花中的酒花油类物质在啤酒中良好溶解所表现出来的一种特有的清澈花香味；麦芽香气是麦芽在焙焦时产生的一种香味；发酵的芳香物质以酯类为代表，啤酒中的主要酯类是乙酸乙酯和乙酸异戊酯。

（一）香气识别

香气识别是一项对啤酒品评人员的基本训练。训练的目的是使品评人员对各种气味有良好的识别能力和记忆能力，这对以后的品评工作至关重要。

（二）影响香气的因素

一是添加酒花的品种酒花中的芳香成分和律草酮、蛇麻酮的含量。目前已能测定酒花中的三种香精油——香叶烯、石竹烯、律草烯，因酒花品种不同，香精油含量变化很大。

二是酒花陈旧程度、贮存条件、受氧化的程度。氧化的陈旧酒花不但无法带来酒花香味，还会带来异味。

三是麦汁煮沸时添加酒花的方法、时间、数量。过早添加酒花，香气在煮沸时都损失掉了；添加过晚，酒花油溶解不好，随发酵泡盖损失较大。

四是混入空气。热麦汁处理过程中混入空气，会使酒花香受到明显损害。发酵、过滤、灌装过程中接触氧，严重氧化的啤酒不可能有香气。

五是麦芽焙焦温度和时间。适度焙焦带来麦芽香，焙焦不足或过度都会产生异香。

六是酵母发酵。酵母正常发酵，会产生一定的有机酸；酵母受污染，发酵异常，就一定会产生异味。

五、啤酒大赛的评分标准

外观、香气、味道和口感，这四个指标是描述啤酒风格的最基本要素。它们是定义啤酒风格的感知要素，指导比赛中对啤酒的评价与对比。评委们通常从下面五个方面对啤酒的感官特性进行描述，满分为 50 分。

外观，一般满分是 5 分；香气，一般满分是 10 分；味道，一般满分是 20 分；口感，一般满分是 5 分；整体评价，一般满分是 10 分。

（一）外观

1. 颜色

颜色范围非常广泛，从明亮的黄金色、琥珀、红色到栗色、咖啡色和深黑色。并非颜色越重，得分越高，而是应该根据啤酒的分类来划分，比如世涛、波特的颜色越黑越好，而皮尔森则呈金黄色为佳。

颜色的描述以 EBC 为单位。5 EBC 为浅禾秆黄色，10 EBC 为深金色，15 EBC 为青铜色，20 EBC 为明亮的琥珀色，30 EBC 为深铜色，40 EBC 为栗色，60 EBC 为花梨木色，80 EBC 为深黑，100 EBC 为摩卡色。

2. 澄清度

过滤的啤酒一般呈现清澈的外观，未过滤的啤酒含酵母和蛋白质呈现浑浊。

澄清度分级也以 EBC 为单位。<1 EBC 为明亮，1~2 EBC 为清澈，2~3 EBC 为暗淡，3~4 EBC 为淡乳白，4~5 EBC 为云雾，5~10 EBC 为非常浑浊，>10 EBC 为不透明。

3. 泡沫

洁白细腻的泡沫能带来视觉享受，刺激人们的感官，啤酒不能有大的明泡。优质啤酒泡沫的持久性应大于 180~220 s，挂杯性好。泡沫是啤酒特有的质量指标，啤酒没有泡沫属于严重的质量缺陷。同等条件下要选择啤酒杯中泡沫丰富的啤酒。

（二）香气

香气主要评测项包括麦香、啤酒花香和其他香气。但是，并非麦香、啤酒花香越浓就得分越高，而是应该根据啤酒的特征来评比。比如，IPA（印度淡色爱尔啤酒）啤酒花香气越浓郁则应该得分越高，棕色爱尔啤酒则应该啤酒花香越淡得分越高。

（三）味道

味道主要是麦芽味、酒花味、苦味质量、平衡度、后味等。评鉴人要很熟悉各类啤酒的味道，比如什么啤酒应该是麦芽味重，什么啤酒应该是啤酒花重，什么啤酒应该有果香；几种味道平衡度是否好，会不会过酸或过苦；后味是否绵长等。

（四）口感

口感主要就是酒体强度、杀口感。

（五）整体印象

最后对其整体印象再进行打分，总体描述一杯啤酒的精髓，即与众不同之处。啤酒的整体风味特征能否反映出啤酒的风格、是否有异味和怪异的香气、能否激发人们的再饮欲。

啤酒评鉴是一门学问，是评价啤酒质量的重要手段。好的啤酒应赋予特定的风格，呈现出优雅的外观、协调的香气、味道和口感，最大限度地满足不同消费者的需求，激发消费者的再饮欲，令其饮后心旷神怡。

任务三 世界啤酒节及啤酒大赛

一、世界著名啤酒节

啤酒节一般为美食节的盛会，包括美食、演出、娱乐嘉年华，一般在夏季举办，是一个地方标志性的节日盛会，对带动地方旅游及经济有着独特的促进作用。

（一）德国慕尼黑啤酒节

慕尼黑10月啤酒节之所以闻名，不仅因为它是闻名全世界的狂欢节，而且它完整地保留了巴伐利亚的民间风采和生活习俗。人们用华丽的马车运送啤酒，在巨大的啤酒帐篷内开怀畅饮，欣赏巴伐利亚铜管乐队演奏的民歌乐曲和令人陶醉的情歌雅调。人们在啤酒节上品尝美味佳肴的同时，还举行一系列丰富多彩的娱乐活动，如赛马、射击、杂耍、各种游艺活动及戏剧演出、民族音乐会等。人们在为节日增添喜庆欢乐气氛的同时，也充分表现出自己民族的热情、豪放、充满活力的性格。如图6–1所示。

图6–1 德国啤酒

节日的第一天上午，来自巴伐利亚、德国其他州以及奥地利、瑞士、法国的游行队伍聚集在一起，人们身穿艳丽多彩的民族服装及传统服装，在慕尼黑市长及酒厂老板乘坐的富丽堂皇、花团锦簇的马车引领下，浩浩荡荡、威武雄壮地涌向黛丽丝草场。中午12时，随着礼炮12响，顿时鼓乐齐奏、彩旗飞扬、人声沸腾。市长打开第一桶啤酒，啤酒节便在沸腾的欢呼声中拉开帷幕。这时身穿传统服装的啤酒女郎用单耳大酒杯将新鲜啤酒不断地送到迫不及待的饮客面前。许多身穿鹿皮短裤、背心等民族服装的巴伐利亚人手举啤酒杯穿行在大街上，他们逢人便高喊“干杯”，气氛十分热闹，充分体现出当地的民族特色。

慕尼黑啤酒节上只能出售慕尼黑本地生产的啤酒，所以啤酒节的主角一直是当地几家大型的啤酒屋。其中最富有传奇色彩的啤酒是以啤酒节命名的欧菲啤酒，该啤酒在每年的3月份酿制，经过7个月的低温窖藏，每到10月的啤酒节上再由慕尼黑市长亲自敲开第一桶欧菲啤酒，宣布啤酒节开幕。此时酒花四溅、香浓美味，开坛十里香。所以，欧菲啤酒成为慕尼黑啤酒节上最富有代表性、销量最大的啤酒。

慕尼黑啤酒节每年都会吸引超过700万名的观光客，足足喝掉600万升以上的啤酒。

（二）青岛国际啤酒节

青岛国际啤酒节始创于1991年，每年在青岛的黄金旅游季节8月的第二个周末开幕，为期16天，是融旅游、文化、体育、经贸于一体的国家级大型节庆活动，也是亚洲的啤酒盛会。如今，啤酒节已经成为彰显青岛城市个性优势与魅力的盛大节日。

因为青岛有许多得天独厚的条件，像优质的崂山泉水、进口的大麦、优良的酵母、酒花、合理的配方和严谨的工艺、严格的管理，所以酿制的啤酒泡沫细腻、口香醇厚、爽口，具有麦芽香和酒花香，受到国内外消费者的欢迎。

二、世界主要啤酒评比大赛

（一）欧洲啤酒之星大赛

欧洲啤酒之星大赛是2004年由欧洲的私人啤酒厂协会举办的。它早已成为世界上最重要的啤酒比赛之一。高质量的啤酒被授予欧洲啤酒明星奖，这是真正赋予个性的啤酒。参赛啤酒按照啤酒类型分组，由专家分别进行打分，评比结束后进行颁奖。

（二）世界啤酒大赛

世界啤酒大赛创办于1986年，啤酒品评专家组在91个品种中评出3种顶级啤酒。每两年举办一届，参赛资格是具有啤酒酿造和销售许可的啤酒厂。

（三）澳洲国际啤酒大赛

澳洲国际啤酒大赛始于1993年，是评价生啤酒和包装啤酒的全球最大啤酒竞赛，每年举办一届。所有参赛啤酒必须是在市场上能买得到的，必须承担商标符合原产地要求的所有法律。

在评审过程中品评的5个主要特征是外观、香味、口味、风格和工艺特性。

（四）大美国啤酒节

始于1982年的大美国啤酒节是美国最大的啤酒集会，是根据公众品尝和专家品评结果进行评优的竞赛，每年秋天在科罗拉多州的丹佛市举办。

大美国啤酒节只允许合法的美国商业啤酒厂参赛，之前大多数参赛的啤酒品种都是美式印度浅色爱尔啤酒。自2015年啤酒节起，参赛的啤酒包括了92个啤酒品种、覆盖了145种啤酒风格。

（五）国际酿酒大赛

国际酿酒大赛自1886年创始以来均在英国举办，而现代国际版的酿酒大赛开始于2011年。现代国际版大赛关注所有出色的商业啤酒，每两年举办一届。

任务四 世界特色啤酒

一、德国啤酒

德国啤酒总给人品质稳定、坚牢可靠的印象，德国啤酒也有这种倾向。

德国啤酒中令人印象最深的是拉格型啤酒，这种啤酒在工业革命之后因冷冻技术的成熟而席卷全球，现在市面上大部分的商业啤酒原型都是拉格型啤酒。

拉格型啤酒口感相对清爽顺口，颜色从金黄色到深黑色都有，包括最淡色的慕尼黑淡色啤酒与德国皮尔森啤酒，以及颜色呈淡色到琥珀色的十月庆典啤酒和颜色更深的慕尼黑深色啤酒与德国黑啤酒等。

德国也有爱尔型啤酒和小麦啤酒，从淡色的德式小麦啤酒、颜色呈琥珀色的德式深色小麦啤酒，到小麦博克啤酒，造就了小麦啤酒世界的丰富与美好。另外，德国的科隆啤酒与老啤酒也在混合型发酵啤酒中占有一席之地。

二、比利时啤酒

比利时虽然人口只有 1 000 多万，在欧洲属于小国，却是许多工坊啤酒爱好者的啤酒天堂。比利时并非著名的啤酒原料产地，但比利时啤酒的多样性无人能及。比利时酿酒师因不受德国啤酒纯酿法令的限制，更能发挥创意酿造出各式各样的有趣啤酒。比利时啤酒的最大特点是高酒精浓度啤酒的适饮性，喝起来常常不觉得酒精度高，但一杯下肚之后，人就开始天旋地转。

比利时酿酒师也酿造出许多水果啤酒，还有举世闻名的以野生酵母发酵的拉比克啤酒，都深受许多啤酒迷的青睐。比利时酿酒师也擅长将各式香料应用在酒中，有一种以未发芽小麦酿造加入芫荽种子与苦橙皮的清爽型小麦啤酒，这是炎热夏天的最佳伴侣。

三、英国啤酒

英国被称为绅士之国，文质彬彬的形象似乎也反映在英国啤酒上。英国啤酒以爱尔型啤酒为主，带着繁复高雅的花果香气，这是与清爽易饮的拉格型啤酒最大的不同。英国啤酒因为税制的关系，普遍具有低酒精浓度的特征。

英国啤酒很重视麦芽的风味，以室温的品尝温度最能展现英国啤酒的丰富香气与迷人质感。以广泛饮用的英式苦啤酒最具代表性，这种酒的酒精浓度低（3%~5%），室温喝起来麦芽核果味与英国酒花所交织出来的美味很令人着迷。除此之外，英国的黑啤酒也很有名，波特啤酒和世涛啤酒是英国黑啤酒的两大根基。

四、美国啤酒

美国的工坊啤酒厂在20世纪80年代才开始进入市场，相对欧洲传统啤酒厂，美国的酒厂可以说非常年轻，并运用了不同的思维来活跃啤酒世界。美国酒厂大量采用新颖的酒花品种来酿造丰富果香的啤酒，造就了美式IPA的浪潮。IPA指的是印度淡色爱尔啤酒，这是一种源自于英国，使用了大量酒花来增添风味的啤酒类型。美国的工坊啤酒厂由于使用了改良后的酒花，让IPA产生大量且强烈的柑橘、柚子皮、热带水果的香气，使IPA一跃成为世界当红的工坊啤酒风格。创意无穷的美国酿酒师不但善于挖掘历史，更以美国的角度重新诠释配方，加入美国当地的特色，让旧酒玩出许多精彩的新把戏，让啤酒迷眷恋不已。如美式帝国世涛、木桶陈年啤酒甚至是美式自然酸酿啤酒等，都是深受啤酒迷欢迎的新时代啤酒类型。

项目七

开设啤酒工坊

项目目标

1. 知道啤酒工坊开设要求的条件。
2. 知道啤酒工坊具备的设备。
3. 掌握工坊啤酒的销售方法。
4. 知道工坊啤酒原料的采购。

任务一 开设啤酒工坊

职业情境

你想开一间啤酒工坊吗？开设啤酒工坊需要做哪些准备工作呢？

一、要有您的梦想

如果您喜欢酿造自己喜爱的啤酒，并且想与他人分享您的作品，那么最好的方式就是创办自己的啤酒工坊。运营得当的啤酒工坊还会产生一定的经济效益。

二、啤酒工坊的特点

第一，工坊啤酒生产线设计精美，设置于啤酒工坊内会成为一道亮丽的风景线。

第二，工坊内的顾客能一边饮酒、一边欣赏啤酒的生产，亲身领略啤酒文化的内涵。

第三，工坊啤酒口味新鲜，能最大限度地保持啤酒的风味。

第四，工坊啤酒生产灵活性强，可根据顾客的需要生产特殊要求的个性化啤酒，可随季节和节日的变化来安排生产，可以酿造多种特色啤酒。

三、确定店名和设计

啤酒工坊要取一个响亮和容易让人记住的名字并设计一个醒目的标志。

四、店内装饰

啤酒工坊店内要体现啤酒文化，餐厅和吧台设计必须精美。店内应设计一个特定的风格，比如德国啤酒花园和比利时风格等。

五、明确自己的销售理念

店长要有独特的销售理念，要明确主要的顾客群体是谁，啤酒工坊与其他酒吧和啤酒坊的差别是什么，明确自己的市场目标和定位。

六、开设选址

啤酒工坊的开设位置至关重要。要了解您的主要顾客在哪里生活和工作，是否方便前来饮酒；了解啤酒工坊周边的交通状况，出行是否方便，有无方便停车的场地；店面是否容易被发现。

七、做好资金投入预算

要做好啤酒工坊的设计、建设预算，充分分析啤酒工坊的运营成本、总体投资成本、预算外不可预估的成本。

八、酒吧和售酒配置

要认真选择啤酒销售设备，酒桶、不锈钢桶和酒茅的选择很重要。配备最专业的啤酒杯和合适的啤酒杯垫也同样重要。

九、啤酒坊的员工配备

要根据需要选择合适的员工，确定营业时间。酿酒师作为最重要的员工之一，最好让他拥有啤酒工坊的股份，这样才能使他发挥最佳的酿酒技艺，有效降低酿酒成本，使啤酒的质量达到酿酒师酿酒的最佳水平。

十、开办啤酒工坊需要办理的手续

开办餐饮一体的小型啤酒工坊对证件的要求相对简单。首先注册营业执照，然后办理卫生许可证、健康证、消防证、食品经营许可证等。

任务二 啤酒工坊的设备

一、啤酒工坊基本工艺流程

与大型啤酒厂相比，啤酒工坊辅助设备较少，但啤酒酿造的主要设备一应俱全，从麦芽粉碎、糖化、麦汁过滤、煮沸、麦汁冷却、发酵、过滤到灌装等工序设备均应配齐。

二、啤酒工坊产量与相关要求

啤酒的产量与糖化和发酵能力有密切关系。每天的产量大小直接决定了设备的投资规模和场地的占用面积、耗水量、耗电量。发酵周期与酿造啤酒的种类有关，下面发酵的拉格型啤酒相对上面发酵的爱尔型啤酒的发酵周期长。啤酒产量与相关要求见表 7–1。

表 7–1　啤酒产量与相关要求

单批次麦汁量 /L	占地面积范围 /m^2	每批次总耗水 /L	每批次麦芽消耗范围 /kg	总耗电范围 /（每批次 /kW）	发酵周期 /d
100	20~30	500	17~20	30	14~21
200	30~40	800	34~40	50	14~21
300	40~60	1 500	55~60	80	14~21
500	60~70	2 500	85~100	120	14~21
600	60~80	3 000	100~120	160	14~21

三、啤酒工坊设备配置方案

（一）单批次麦汁产量的确定

啤酒工坊中的设备以紧凑、小巧、占地少为首选。啤酒设备的基本组成，主要有糖化系统、发酵系统、制冷系统和控制系统。控制系统多为手动控制，操作极为简便，也可以选用自动控制系统，操作触摸屏包含可视化系统和配方控制装置。

（二）建设啤酒工坊的设备

第一，明确每年准备生产销售多少啤酒，有没有扩大产能的计划，在销售旺季时的最大产能，能够同时生产多少种不同的啤酒等。

第二，在选择啤酒酿造设备时，根据装修风格选择带拱形圆顶铜夹板的经典风格还是不锈钢圆锥圆顶抛光的工业风格。

第三，确定单批糖化的数量，根据工坊面积选择 500 L 还是 1 000 L。

第四，选择合适的操作程度，是手动、半自动、远距离操控或全自动控制系统。

第五，啤酒是否过滤和灌装，包装方式是桶装还是瓶装。

第六，啤酒工坊是否有合适的供电条件（220/380 V，50/60 Hz）。

第七，啤酒酿造供水来源是什么水，是否需要水处理设备。

（三）啤酒工坊的平面布置

啤酒工坊需要根据场地的大小和实际房间尺寸来选定设备的配置和数量，以便充分合理地安排设备。既要方便操作，又要冷热区分开，制冷机必须放置在室外，便于通风和对流。

四、啤酒工坊售酒系统

（一）桶装啤酒组合售酒系统

桶装啤酒组合售酒系统是桶装啤酒分发系统当中适应性、灵活性最强的系统之一，更是未来的主力分发系统之一，智能双冷机是代表设备系统。该系统通过一体化设计，将啤酒机、冷柜、酒柱、气瓶等组件完美整合，匹配不同风格的酒柱以及可根据啤酒品牌风格定制的外观造型，呈现出完美的终端分发解决方案。

桶装啤酒组合售酒系统的方案特点是一体化、智能化、个性化。主要利益体现在移动便利、多种啤酒销售、可搭载 100 多种酒塔。独特价值表现在啤酒品牌象征和极致场景体验。可选机型有 1~8 头机器。机型多样，室内外全场景适用。

（二）啤酒吧台售酒系统

吧台系统是除顶级冷库系统以外最为专业的分发系统，根据经营品种的数量及台下空间的大小灵活调配方案，实现酒桶、啤酒机及组件的明装、暗装处理，拆装维护保养十分便捷。因其可选配风格多样的酒塔，往往成为酒吧的第一视觉印象，被称为“百分百的啤酒推销员”。

啤酒吧台售酒系统的方案特点是模块化、智能化、个性化。主要利益体现在超强出酒、多种啤酒销售、可搭载100多种酒塔。独特价值表现在极致场景体验。可选机型有1~8头机器。适用于大、中、小型拥有前置吧台的经营场所。

任务三 工坊啤酒的销售

工坊啤酒的销售方式主要有门店销售、连锁销售、电商平台销售、直销网络销售、轻门店销售等。

一、门店销售

门店营销是指店铺内外部经营，针对光临或路过的流动顾客所要做的促销手法。门店销售是流通零售终端所特有的行销方式，而它的表现除了反映商品、企业活动、商店促销之外，也是终端在行销力及服务力的结合表现。门店营销是以门店为一个点，沿着市场需求和时间纵深展开，它强调销售员的主观能动性、阶段性重点事件处理和时效延续性。

门店从古至今在商业交往中都有着非常重要的地位，从消费者行为和购买偏好来看，很多消费者是在门店里看到商品以后才做出购买的决定。根据一份市场调查报告可知，很多人只是随便逛逛，其中83.6%的消费者是非计划性购买，而91.6%的消费者是到了门店才决定购买商品的。而且门店是一个企业的形象，是销售的最前端，是企业文化和理念的传播者，因此有着不可替代的重要作用。门店营销并非新鲜事物，以前它是人们在策划营销活动时注重了电视、杂志等大众媒体的应用，仅被视为最末端的一种营销工具，并且很多人只是从一些小的技巧和具体方法上加以关注，而没有将其当作一个战略性的步骤，从全局的角度来进行思考和运作。在今天这个商业竞争空前繁荣的时代，我们必须将门店营销作为主要的传播工具，只有这样才能更好地刺激消费者的购买欲。

（一）店面宣传是门店营销的催化剂

门店要学会运用各种传播媒介向公众有意识、有目的地传播门店的有关信息，以影响和改变公众的态度、意见和行为，扩大门店的社会影响，形成对门店有利的舆论环境。通过有效的宣传策略来扩大门店的知名度和提高门店的美誉度。

1. 媒介宣传策略

媒介宣传策略是门店宣传最基本的策略，根据媒介性质、形象定位、公众特性、目标定位、宣传费用、门店经营战略，市场战略等，选择最恰当的宣传媒介，组建最佳的媒介体系，在最恰当的时机推出媒介宣传作品，以期取得最佳的宣传效果。

2. 活动宣传策略

活动宣传策略是门店利用顾客的自我表现欲望和参与愿望，设置具有吸引力的活动，宣传门店的各种信息，展示门店形象和商品形象，从而提高门店的知名度、美誉度，树立良好的门店形象。它的载体是活动形式，呈现出来的是一个活动组织过程。

3. 明星宣传策略

明星宣传策略是根据门店形象定位、公众定位、公众的明星崇拜潮流等，聘邀合适的体育明星、文艺明星等人士宣传门店的方式。

4. 赞助宣传策略

赞助宣传策略是门店通过赞助一些以公益性、慈善性、服务性、娱乐性、大众性为主题的社会活动展开宣传，使顾客对门店产生好感。

门店的宣传还包括门店广告，特别是门店门头广告、店堂内灯箱广告和商品包装广告。商品包装广告更是节省了陈列费，却能收到显著的效果，可以将商品的包装设计成诱发消费者下次购买的媒介。

（二）员工是门店营销的灵魂

员工是门店最重要的资源，门店必须要对员工进行系统的培训，让员工有成长的空间，只有这样员工才愿意和门店一起成长。

1. 像招待朋友一样接待顾客

员工应该把顾客看作是自己的朋友，给予礼貌、热情、细致、周到的服务，只有这样顾客才会感觉到亲切与温馨，才能进一步了解顾客的意愿。

2. 用微笑给顾客家的感觉

通过微笑与顾客进行情感沟通，使顾客感受到温情，还可以消除员工与顾客之间的陌生感，迅速拉近距离，使双方敞开心扉。

3. 用言语打动顾客

微笑是以魅力征服顾客，言语是以行动打动顾客，并促使顾客下决心购买。员工的言语是否热情、礼貌、准确、得体，直接影响门店的形象，也影响顾客对商品和服务的满意度。

（三）了解需求是门店营销的目标

门店营销的最终目标就是在员工头脑中能清晰地划分出顾客的主要需求与次要需求，从而将啤酒销售出去。

1. 了解需求的原因

员工要了解顾客需求是否明确，向有明确需求的顾客和没有明确需求的顾客介绍、销售啤酒的时候采取有所区别的营销方式。不同顾客对需求的偏好程度不同，必须了解每一位顾客更偏好哪些方面，对症下药，才能打动顾客。使顾客对员工产生信任感，从而愿意听从员工的建议。为介绍啤酒奠定基础，减少反对意见。实现真正的顾问式销售，体现员工专业亲和的特色。

2. 了解需求的原则

使员工体会到了解需求的目的是更好地为顾客提供服务，满足其需求，便于顾客同员工配合。在了解需求的过程中，员工要始终令顾客感到很尊重他以及他所陈述的意见。

3. 了解需求的方法

（1）观察：顾客的表情、行为举止、与他人的谈话等只要仔细留意，在很多时候都能帮助门店员工发现顾客的需求，从而为有针对性的销售做好准备。但是，仅靠观察是无法判断顾客的真正需求的。

（2）询问：员工在开始介绍自己的啤酒之前，应该先主动询问顾客的需求；根据顾客对啤酒的了解程度，员工可适当地加以提示；员工向顾客提问的方法，对顾客能否将自己的需求明白地展现给员工有很大的影响。

（3）聆听：是优秀员工必备的素质之一，他们可以在聆听中了解顾客的真正需求，并使顾客认为员工对他是尊重的；切记不要打断顾客的讲话，不管顾客讲的是对是错，都要耐心听完；努力记住顾客的话，如果在以后的销售过程中能够重复顾客说过的一些话，顾客会觉得受到了尊重，从而对啤酒的好感也会增加，最终增加销售成功的机会；做一个积极的聆听者，聆听时不仅要用点头，还要用表示赞同、听明白的短句表示对顾客的话语在认真听并理解了，并可以适时地发问，比一味点头称是或面无表情站在一边更有效；若有不清楚的地方最好请顾客再讲一遍。

（4）思考：顾客因啤酒知识的局限，可能没有准确地讲出他们的真实需求，因此需要员工通过思考分析顾客的真正需求；顾客的需求可能原本就不明确，需要员工根据顾客的实际情况，通过思考分析帮助找出真正的需求。

（5）核查：优秀的员工在与顾客的沟通过程中，每讲五句话会有一句是在核查自己的理解，通过核查可以避免对顾客的需求产生误解。核查时，用自己的话表述顾客的需求，请顾客判断准确与否，并观察顾客的反应。

（6）响应：使用肢体语言表示认同或鼓励顾客继续陈述；重复交谈中的重点信息；对顾客提出的问题给予简短回答；不断观察顾客的反应。

二、连锁销售

连锁销售是指经营同类商品或服务的若干个企业，以一定的形式组成一个联合体，在整体规划下进行专业化分工，并在分工基础上实施集中化管理，把独立的经营活动组合成整体的规模经营，从而实现规模效益。

（一）连锁销售的特征

第一，连锁销售是一种授权人与被授权人之间的合同关系，也就是说授权人与被授权人的关系是依赖于双方合同而存在和维系的。

第二，连锁销售中授权人与被授权人之间不存在有形资产关系，而是相互独立的法律主体，由各自独立承担对外的法律责任。

第三，授权人对双方合同涉及的授权事项拥有所有权及（或）专用权，而被授权人通过合同获得使用权（或利用权）及基于该使用权的收益权。

第四，连锁销售中的授权是指包括知识产权在内的无形资产使用权（或利用）而非有形资产或其使用权。

第五，被授权人有根据双方合同向授权人交纳费用的义务。

第六，被授权人应维护授权人在合同中所要求的统一性。

（二）连锁销售的特点

第一，连锁销售把分散的经营主体组织起来，具有规模优势。

第二，连锁销售都要建立统一的配送中心，与生产企业基地直接挂钩。

第三，连锁销售容易产生定向消费信任或依赖。

第四，消费者在商品质量上可以得到保证。

（三）连锁销售的优点

第一，授权人只以品牌、经营管理经验等投入，便可达到规模经营的目的，不仅能在短期内得到回报，而且使无形资产迅速提升。

第二，被授权人由于购买的是已获成功的运营系统，可以省去自创业不得不经历的一条“学习曲线”。包括选择盈利点、开市场等必要的摸索过程，降低了经营风险。

第三，被授权人可以拥有自己的公司，掌握自己的收支。被授权人的经营启动成本低于其他经营方式，因此可在较短的时间内收回投入并盈利。被授权人可以在选址、设计、员工培训、市场等方面，得到经验丰富的授权人的帮助和支持，使其运营迅速走向良性循环。

第四，授权人与被授权人之间不是一种竞争关系，有利于共同扩大市场份额。

（四）连锁销售的设立条件

首先，应由总部、配送中心和若干个门店组成。

其次，统一采购配送商品、购销分离、统一质量标准，实行规范化经营管理。

再次，总部应具备企业法人条件，配送中心可以是总部内设机构，单独设立的配送中心应由总部控股。

最后，企业登记管理法律法规规定的其他条件。

（五）连锁销售的三种形式

连锁销售包括三种形式：直营连锁、特许加盟和自愿加盟。

1. 直营连锁

直营连锁是指总公司直接经营的连锁店，即由公司本部直接经营投资管理各个零售点的经营形态，此连锁形态并无加盟店的存在。总部采取纵深式的管理方式，直接下令掌管所有的零售点，零售点也必须完全接受总部的指挥。直营连锁的主要任务在渠道经营，意思指透过经营渠道的拓展从消费者手中获取利润。

2. 特许加盟

特许加盟是由拥有技术和管理经验的总部指导传授加盟店各项经营的技术经验，并收取一定比例的权利金及指导费。

特许加盟总部必须拥有一套完整有效的运作技术优势从而转移指导，让加盟店能很快运作，同时从中获取利益，加盟网络才能日益壮大。因此，经营技术如何传承，则是特许经营的关键所在。

3. 自愿加盟

自愿加盟是指自愿加入连锁体系的门店。这种门店由于原已存在，所以在名称上有别于加盟店。自愿加盟体系中，商品所有权属于加盟主所有，而运作技术及商店品牌则归总部持有。

三、电商平台销售模式

借助互联网利用各种平台把自己的店铺宣传出去，充分发挥网络营销对啤酒企业经营水平的促进作用。该模式须做好清晰的战略发展定位，根据自身啤酒及特点科学评估、清晰定位，找准具体发展策略。可以通过视频软件、社交平台宣传啤酒品牌，打造社区线上线下相结合的模式，与顾客形成连接，还可以做网店商城品牌。

四、直销网络模式

直销网络模式是啤酒销售中发展较快的一种销售模式。由企业直接组织车辆和人员，对商超、餐厅、酒吧、娱乐场所等进行直销。该模式不但开拓市场速度快，还有利于新品上市、啤酒铺货、价格控制、品牌提升和维护。

五、轻门店模式

轻门店模式是与当地的生鲜便利专营公司合作，将店铺设在生鲜便利商超，共同打造啤酒的销售。该模式有利用探索高端需求市场，借助于专业平台即可进行线上线下一体化模式销售，又可以将啤酒推向全国市场。

啤酒的销售模式是多样的，可以采取一种或者多种组合，现在多采用线上和线下两种渠道运行。建议啤酒在线上店铺和实体店分类销售，从口味、包装、文案、价格等方面针对不同的消费群体，以此避免实体门店和网上店铺在运行过程中的矛盾。

项目八
研发工坊啤酒

任务一　工坊啤酒的研发

工坊啤酒的迅猛发展，使消费者品尝到了口味更加丰富多彩的啤酒，同时也改变了消费者对啤酒的认知。酿酒师应在遵循科学酿酒原理的同时，发挥各自的想象力和创造才能，推出各种类型的新啤酒。开发一款新啤酒需要考虑的因素很多，涉及酿酒原料、期望的风味特征、包装形式和消费群体等，如图 8–1 所示。

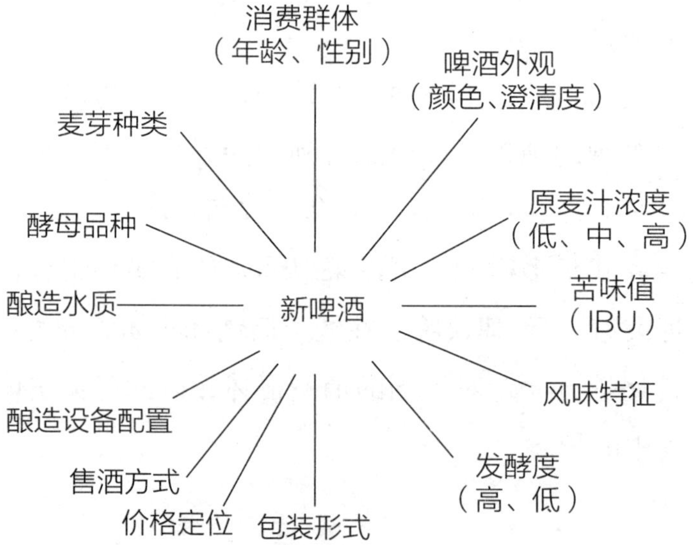

图 8–1　新啤酒开发涉及的问题

一、新啤酒开发与消费趋势

促进酿酒工业发展的消费趋势发生了新的变化，顺应消费趋势的产品才能有好的市场需求。

选择工坊啤酒时，啤酒风味和新鲜度是消费者首先考虑的因素。当顾客选择购买一款工坊啤酒时，对啤酒的哪些方面感兴趣，并最终做出购买选择，这是进行新啤酒开发需要首先考虑的问题。研究发现，消费者对啤酒的风味关注度最高，其次为啤酒的新鲜度、香气和酿造原料等。对于年轻的男性朋友来说，他们更渴望高酒精浓度的啤酒。消费者选择啤酒的影响因素，如图 8–2 所示。

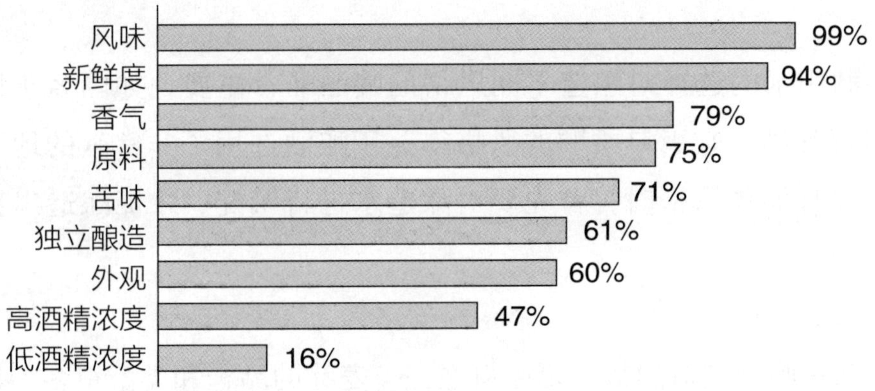

图 8–2　消费者选择啤酒的影响因素

二、新啤酒开发的主要影响因素

工坊啤酒对具体的工艺和原料没有约束，给予了酿酒师较大的发挥空间，崇尚的是精制与创新。不管是原材料、酿造方法甚至啤酒消费理念和营销方式都有巨大的革新和创造，但对新啤酒研发起重要作用的因素依然是酿酒原料的选择，如图 8–3 所示。

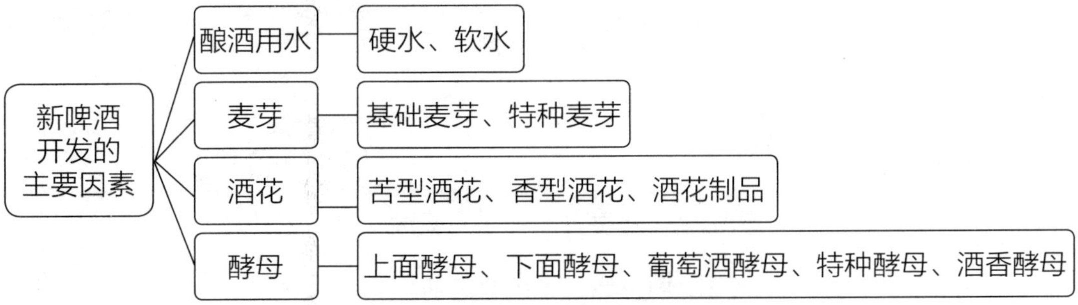

图 8–3　新啤酒开发的主要影响因素

（一）酿酒用水

酿酒用水的成分组成直接影响啤酒的质量。不同地域的水含有的矿物质不尽相同，它能够形成不同硬度并影响啤酒质量。水是一种溶剂和啤酒的主要成分，啤酒中其他的任何成分都必须要溶解到水中。水虽然不能完全溶解麦芽和酒花，但水的离子组成能够影响其溶解度。酿酒用水中的离子成分还能够影响酿造性能、啤酒的风味特征及稳定性。

以水中钙离子为例，它可以保护蛋白酶起到热降解作用，增加活性；麦汁煮沸过程中改善凝固物成分，促进草酸钙沉淀在锅里而不是包装过程中，如果进入包装过程中会造成喷涌，钙离子在糖化和煮沸麦汁时可降低pH值。

酿酒用水的选择对酿造不同风格的啤酒非常重要，如闻名于世的捷克皮尔森啤酒，它爽口柔顺的风格得益于酿酒选用了非常软的地下水。所以在设计酒体风格时，首先要对酿造水进行调配，才能酿造出典型风格的啤酒。

（二）麦芽

麦芽是啤酒酿造的最主要原料之一，麦芽的品种和类型很多，每种麦芽都有独特的酿造特性，常用麦芽品种如图8–4所示。酿酒师面临的挑战，主要是麦芽供应和麦芽质量的波动。基础麦芽是麦汁中可发酵性糖和酵母

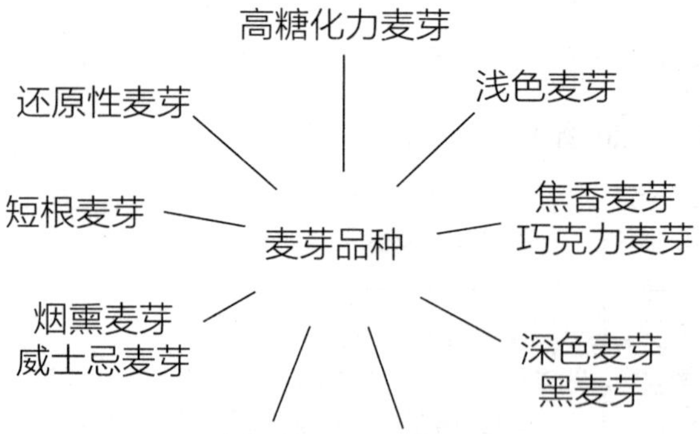

图8–4　常用麦芽品种

所需氨基酸的主要来源，占麦芽配比最高，它决定了啤酒原麦汁浓度的高低。啤酒的颜色和特殊麦芽香气主要由特种麦芽提供，特种麦芽占麦芽配比较小，但对啤酒的外观和风味影响较大。配方设计中对麦芽的选择和添加比例需要通过做实验和多次酿造实践才能准确确定。

焦香麦芽在酿酒时使用频率非常高，使用范围也非常广。它可以用于啤酒酿造中的调色、提味和增加特殊的麦芽甜度。焦香麦芽在制作过程中酶的活力丧失，并没有分解淀粉和糖化的能力，因此它只能作为辅助麦芽而不是基础麦芽使用。由于麦芽在烘烤的焦糖化过程中生成了部分非发酵性糖，所以这也是焦香麦芽能增加啤酒醇厚感的原因。通常焦香麦芽在麦芽配比中占2%~15%，深色的焦香麦芽更应该掌握好添加比例，不宜过量，否则会造成酒体的苦涩感和焦煳味，降低啤酒的平衡度。

（三）酒花

酒花素有啤酒的灵魂之称，与啤酒酿造中所需的大量麦芽相比，酒花使用量相对较少，却能神奇地改变啤酒的口感和风味特征。因此，酒花品种对啤酒酿造有着极为重要的影响，酒花品种和酒花制品如图 8-5 所示。特别是工坊啤酒的发展对酒花的风味和香气提出了更高的要求。近年来，香型酒花每年都有新品出现。

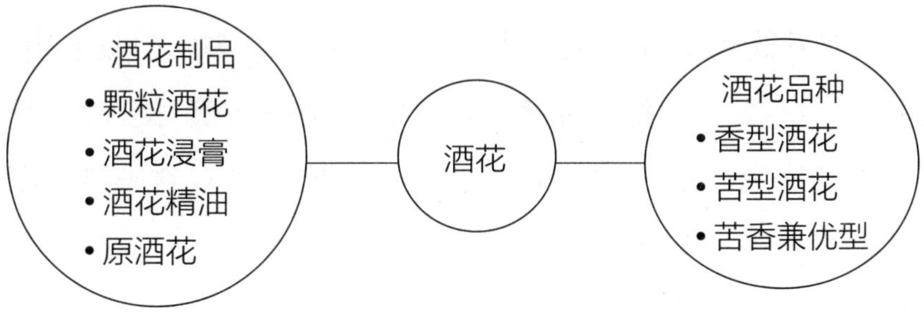

图 8-5　酒花品种和酒花制品

香型酒花对啤酒的风味影响较大，特别是香气独特的美国酒花深受广大工坊啤酒爱好者的青睐。最常用的美国香型和苦香兼优型酒花品种有西楚、亚麻黄和西姆科等。美国酒花的香气特征具有人们喜爱的橘子、柚子和松树叶的香气及热带水果的香气。常见的美国酒花的品种和香气特征见表 8–1。

表 8–1　　美国酒花的品种和香气特征

酒花香气	花果香和酯香	柑橘柠檬香	松叶、薄荷香
酒花品种	奇努克、胡德峰、克劳斯特、超级金牌、斯特林	卡斯卡特、西楚、亚麻黄、顶峰、世纪、阿波罗	威廉麦特、胡德峰、法格尔、斯特林

（四）酵母

酵母的类型主要分为下面发酵酵母和上面发酵酵母，其酿造的啤酒分别称为拉格啤酒（皮尔森、淡色啤酒、窖藏啤酒、出口型啤酒、黑啤酒、三月节啤酒）和爱尔啤酒（淡色爱尔、棕色爱尔、世涛、波特、小麦啤酒、老啤酒、科尔施啤酒和 IPA 等）。还有混合型菌种发酵的啤酒，如拉比克、贵兹等。使用合适的酵母菌种可以突出或抑制酒花香味。全世界上面发酵酵母菌种超过 200 多种，下面发酵酵母菌种接近 100 种，并且每年都有新的酵母菌种问世。

多菌种发酵为新啤酒开发带来新的机遇和挑战。两种下面发酵酵母菌种的联合不仅互补改善了香味和口味稳定性，还可以多次回收使用。

据报道，慕尼黑工业大学研发了一款非常全面的酵母菌种。该酵母菌种除了适合生产比利时小麦啤酒外，还可生产比利时双料啤酒、三料啤酒和香料啤酒。它赋予啤酒一种强烈的复合酚香味，可以掩盖酯的口味。该酵母菌种的丁香香味在成品啤酒中占主导地位，由其生产的啤酒不仅略带酸涩味，而且带有轻微的果味。

三、新啤酒开发的次要影响因素

酿酒原料丰富多彩，不仅麦芽、酒花、酵母种类极多，其他原材料如青稞、黑麦、燕麦、荞麦等都已用在啤酒酿造中。利用橡木桶陈贮啤酒和新的酿造方式，历史上不曾用过的各种各样的香辛料，甚至瓜果蔬菜。上述众多因素已成为新啤酒开发的次要因素，如图 8–6 所示。

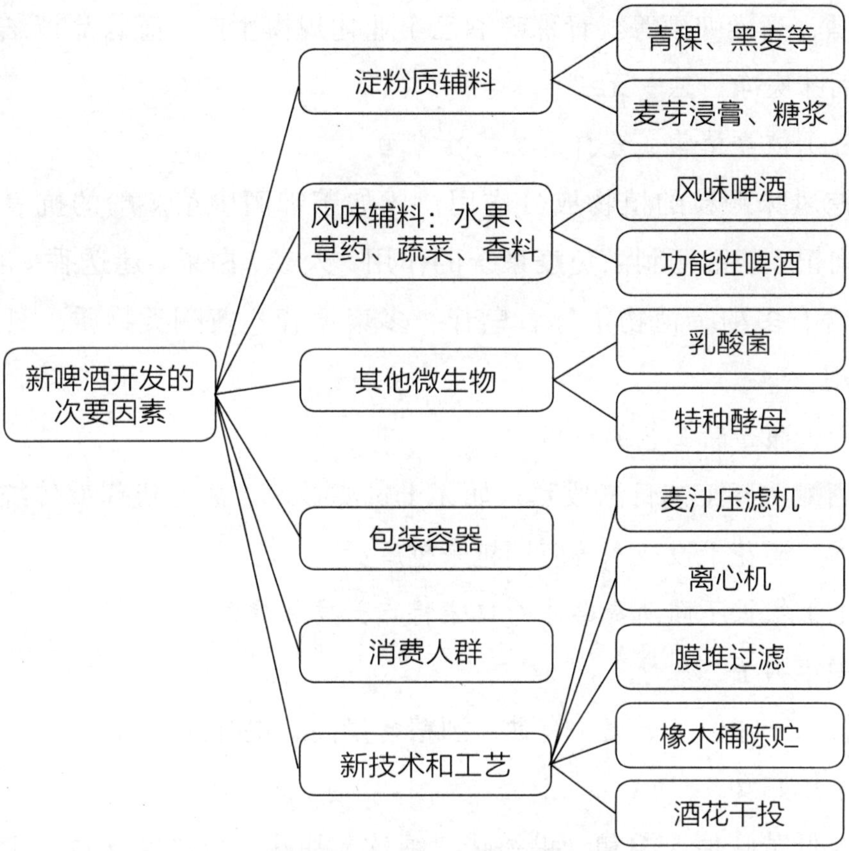

图 8–6　新啤酒开发的次要因素

（一）突出啤酒的原产地特性

美国明尼苏达州的一家啤酒厂，使用生长在当地湖泊中的入侵植物西洋蓍草和欧亚斑马贻贝，酿造了一款口味迥异的赛森爱尔啤酒，深受当地消费者欢迎。

（二）挖掘地方特色

依靠自然资源禀赋，作为当地啤酒特色，如海南的咖啡啤酒、热带水果啤酒，绿茶、铁观音和红茶产区的茶啤酒。

（三）柑橘属和浆果类啤酒被广泛开发

近年来，樱桃啤酒、草莓啤酒、蓝莓啤酒等越来越受消费者欢迎。

（四）体现风味独特性

多种多样的原材料应用到啤酒酿造中，如青稞小麦啤酒、藜麦啤酒、木薯啤酒、高粱啤酒等。青稞啤酒已工业化规模生产，感官品评结果表明该啤酒后味爽净、独一无二。

（五）依靠植物成分打造功能性啤酒

深挖风味颗粒的植物成分作用，比如茶啤酒中茶多酚的抗氧化性，甘菊、枸杞、紫锥菊刺激免疫系统的作用，人参、白果、迷迭香、滇荆芥、苦艾等含有多酚、植物甾醇、皂苷、多聚糖苷、黄酮类物质，具有养生保健作用。

（六）酿造新工艺的应用

啤酒酿造新工艺日渐成熟，如无土过滤技术、离心机代替传统过滤、过桶技术、酒花干投技术等应用越来越广泛。

（七）根据不同消费群体的口味特点开发新啤酒

1. 中年男子

适合高苦味值、干爽、有劲、酒精含量高、提神的产品。

2. 中年妇女

适合低苦味值、柔和、果香味、绵软、甜味、低酒精含量、少量二氧化碳的产品。

3. 青年人

适合酒精含量低、苦味适中、水果味、提神、包装精美、赋予时代感的产品。

4. 老年人

适合含矿物质、高维生素、长期饮用的产品。

四、特种啤酒饮料的开发

（一）啤酒混合型饮料的开发（图 8-7）

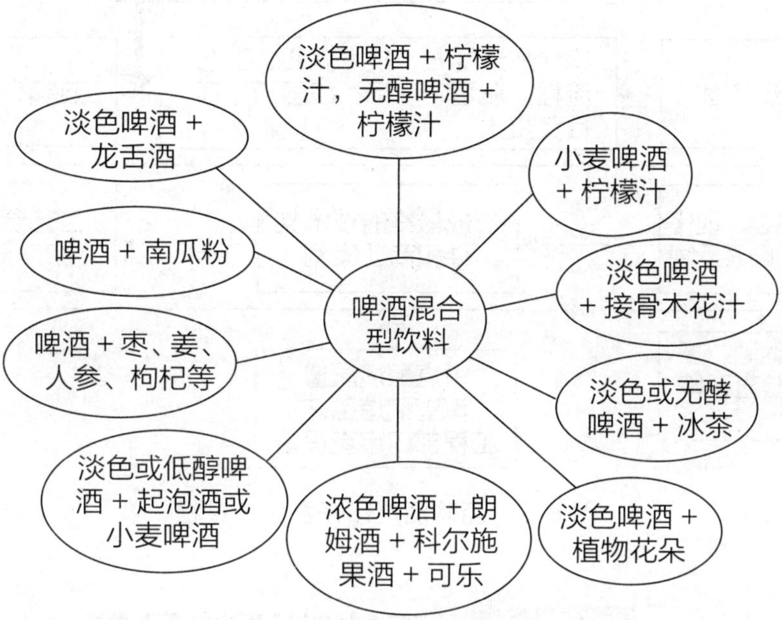

图 8-7　啤酒混合型饮料

（二）麦芽功能型饮料的开发

由麦芽制成的功能型饮料具有提神、保健的特点，如图 8-8 所示。功能型饮料对健康的益处是补充人体的矿物质和维生素、调节人体渗透压或影响身体某种功能、满足某些特定人员需求甚至起到一定的治疗作用。

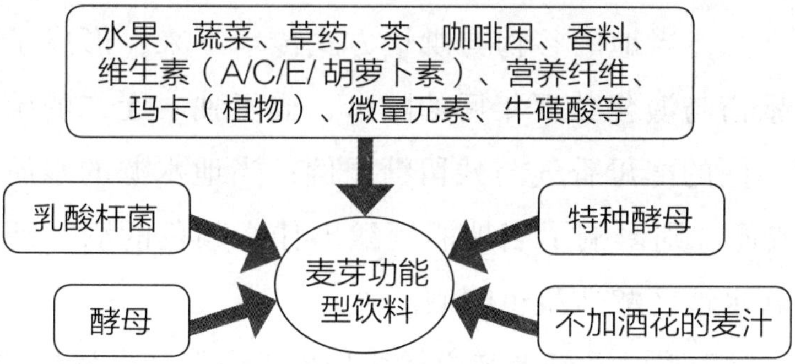

图 8-8　麦芽功能型饮料

五、新啤酒产品开发生产过程要点

新啤酒产品开发生产过程，如图 8-9 所示。

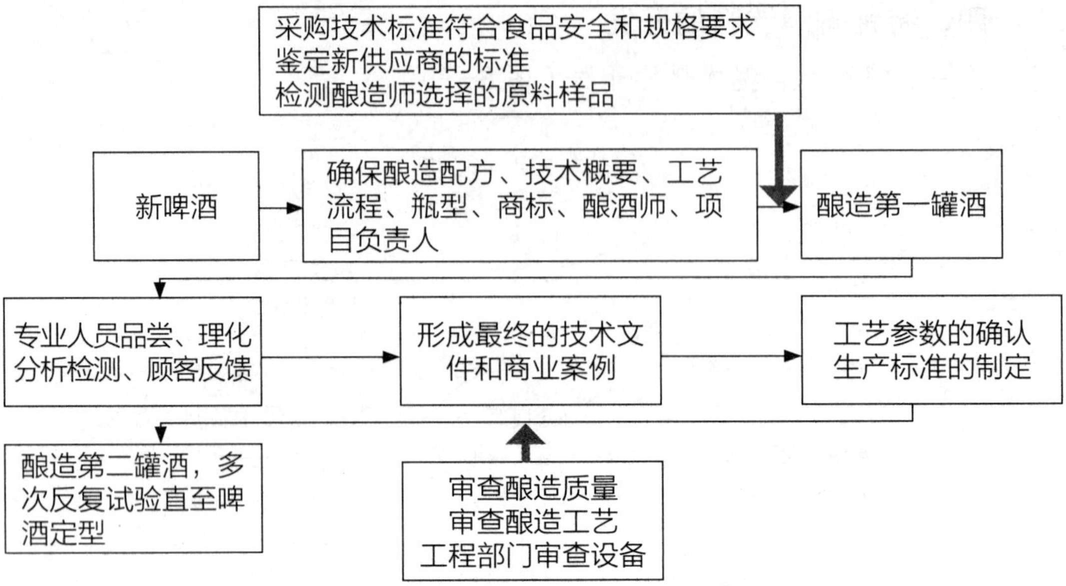

图 8-9　新啤酒产品开发生产过程

任务二　工坊啤酒的配方

一、工坊啤酒的风格

数百年前，酿酒师心中并没有啤酒风格的概念。当时交通不便，酿酒师仅能使用有限的谷物、植物来酿酒，使用当地的燃料来烘干麦芽，取用当地的水源进行糖化、煮麦汁等。

数百年过去，当地的谷物与烘焙方式传承下来，形成了地区性的传统；酒厂内繁衍与演化数百年后的酵母，成了独一无二的菌种，产生了跟外地啤酒不同的酵母香气与残留糖比例；当地水源的水质硬或软、水的 pH 值高或低，则影响了当地酒厂酿出什么颜色的酒，硬水地区酿造深色啤酒，软水地区酿造淡色啤酒。

啤酒风格对于啤酒爱好者来说往往是最难懂但又最奥妙的部分。为什么英国啤酒不应该有太多的泡沫？为什么比利时啤酒却强调啤酒要有比较多的泡沫？为什么酿造比利时高酒精度啤酒一定要加糖，而酿造同样高酒精度的德国博克啤酒时却不能加糖？这些答案，其实就藏在啤酒风格的配方之中。

二、拉格啤酒的配方

拉格啤酒是最常见的啤酒类型，得名于酿造时所使用的酵母种类。拉格酵母是下面发酵酵母，发酵时会沉降到发酵容器的底部。与之相反，多数爱尔酵母则会浮到麦汁的表面。

拉格酵母需要较低的发酵温度，通常为12℃左右，之后还需要在低温下进行一段时间的后熟，这个过程称为贮藏。贮藏的过程可以去除掉发酵时产生的大多数杂质，使啤酒清透爽口、风味中性且余味清新。拉格啤酒通常没有酒花香味，不过略带香料香，适于冰镇饮用 。

对于酿酒者来说，拉格啤酒是最具挑战性的啤酒类型。拉格啤酒不仅需要良好的酿造技术和较低的发酵环境，还因为口感清新，要求酿造中不能有任何异味。

（一）皮尔森啤酒

皮尔森啤酒原产自捷克皮尔森市，与其他淡色拉格啤酒相比，啤酒花香较浓，并混合了较重的麦香味。

皮尔森啤酒外观呈现淡稻草色至金黄色，泡沫丰富，呈白色乳脂状且挂杯持久。口感上有复合的麦香味和轻微的苦味，常有清甜的余味。香味表现为辛辣的酒花香，并混有明显的麦芽味。酒精度一般为4.2%~6%。

捷克皮尔森啤酒风味较淡，但二氧化碳含量高。德国皮尔森啤酒色泽很深，麦芽味与酒花苦味相混合。美国皮尔森啤酒麦汁浓度较高，也有玉米味。

1. 捷克皮尔森啤酒（表 8–2）

表 8–2 捷克皮尔森啤酒

要素	参考标准	要素	参考标准
麦汁原始比重	1.048	麦芽	皮尔木麦芽
预期最终比重	1.014	糖化	用时 1 h，温度 65℃
酒精度	4.4%	酒花	捷克萨兹
苦味值	25 IBU	酵母	皮尔森源泉拉格啤酒酵母 2001
色度	5 EBC	发酵	温度为 12℃，后熟期为 3℃以下，需 4 周

2. 德国皮尔森啤酒（表 8–3）

表 8–3　　德国皮尔森啤酒

要素	参考标准	要素	参考标准
麦汁原始比重	1.046	麦芽	皮尔森麦芽
预期最终比重	1.012	糖化	用时 1 h，温度 65℃
酒精度	4.5%	酒花	斯派尔特精选 4.5%
苦味值	30.2 IBU	酵母	皮尔森拉格啤酒酵母 2007
色度	5 EBC	发酵	温度为 12℃，后熟期为 3℃以下，需 4 周

（二）慕尼黑淡色啤酒（表 8–4）

表 8–4　　慕尼黑淡色啤酒

要素	参考标准	要素	参考标准
麦汁原始比重	1.049	麦芽	皮尔森麦芽、皮尔森焦糖麦芽
预期最终比重	1.012	糖化	用时 1 h，温度 65℃
酒精度	4.9%	酒花	斯派尔特精选 4.5%
苦味值	17.1 IBU	酵母	中早熟哈拉道 5%
色度	6.3 EBC	发酵	温度为 12℃，后熟期为 3℃以下，需 4 周

（三）十月庆典啤酒（表 8–5）

表 8–5　　十月庆典啤酒

要素	参考标准	要素	参考标准
麦汁原始比重	1.057	麦芽	维也纳麦芽、慕尼黑麦芽、皮尔森焦糖麦芽、水晶麦芽
预期最终比重	1.017	糖化	用时 1 h，温度 65℃
酒精度	5.3%	酒花	佩勒 8%，中早熟哈拉道 5%
苦味值	25.2 IBU	酵母	十月庆典啤酒酵母 WLP820
色度	13.6 EBC	发酵	温度为 12℃，后熟期为 3℃以下，需 4 周

（四）慕尼黑深色啤酒（表 8–6）

表 8–6 慕尼黑深色啤酒

要素	参考标准	要素	参考标准
麦汁原始比重	1.055	麦芽	拉格麦芽、慕尼黑麦芽、饼干麦芽、巧克力麦芽
预期最终比重	1.013	糖化	用时 1 h，温度 65℃
酒精度	5.5%	酒花	玛格努姆 11%，中早熟哈拉道 5%
苦味值	27.4 IBU	酵母	福蒙蒂斯 W34/70 酵母
色度	34.4 EBC	发酵	温度为 12℃，后熟期为 3℃以下，需 4 周

三、爱尔啤酒的配方

爱尔啤酒历史悠久、风味浓郁，现代爱尔啤酒使用上面发酵酵母在 16~22℃酿成。在前发酵，这些酵母会浮到麦汁表面，因而可以产生许多风味化合物和酯类，并给所酿成的啤酒带来丰富的果香味和麦香味。

爱尔啤酒麦汁中的多数可发酵糖来自淡色的麦芽，并与颜色较深的麦芽混合获取额外的特色。酒花在所有爱尔啤酒中得到广泛应用，可以产生苦味、风味和香气，并帮助啤酒保鲜、调和酒精味。由于有相当多的麦芽和酒花可供选择，所以对于爱创新的酿酒师而言，充满了无穷的可能性。

爱尔啤酒通常无须冰镇，即可完全释放出麦芽和酒花的风味和香气，二氧化碳水平较低。爱尔啤酒最好保存在酒桶里取饮，而不是保存于酒瓶。

（一）淡色爱尔啤酒

常用大量淡色麦芽和软水酿造而成，口感顺滑，并与苦味相调和。

淡色爱尔啤酒外观呈现浅稻草色至淡金色，泡沫层浅薄但绵长。口感顺滑有乳脂味，并伴有淡淡的酒花苦味，其风味深受酵母影响。有淡淡的麦芽香味，并带有不同种类酒花所特有的芳香，比如来自英国的酒花会释放出淡淡的花香。酒精度一般为4%~6%。

英国淡色爱尔啤酒含有些许花香，苦味不重，可能有淡淡的奶油糖果余味。比利时淡色爱尔啤酒酒精度数高，带有比利时啤酒酵母产生的辛辣味。美国淡色爱尔啤酒含有浓郁的酒花香和柑橘味，余味清爽纯净。

1. 卡斯卡特酒花爱尔啤酒（表8–7）

表8–7　卡斯卡特酒花爱尔啤酒

要素	参考标准	要素	参考标准
麦汁原始比重	1.050	麦芽	淡色麦芽、皮尔森焦糖麦芽
预期最终比重	1.012	糖化	用时1 h，温度65℃
酒精度	5%	酒花	卡斯卡特6.6%
苦味值	40 IBU	酵母	美国爱尔啤酒酵母1056
色度	10 EBC	发酵	温度为18℃，后熟期为12℃以下，需6周

2. 神父啤酒（表8–8）

表8–8　神父啤酒

要素	参考标准	要素	参考标准
麦汁原始比重	1.046	麦芽	皮尔森麦芽
预期最终比重	1.010	糖化	用时1 h，温度65℃
酒精度	4.7%	酒花	萨兹4.2%，中早熟哈拉道5%
苦味值	16.4 IBU	酵母	高浓度修道院啤酒酵母3787
色度	5.7 EBC	发酵	温度为22℃，后熟期为12℃以下，需3周

（二）印度淡色爱尔啤酒（IPA）

IPA中酒花含量多，酒精度数高，为应对漫长的海运而酿造。

印度淡色爱尔啤酒外观呈现浅稻草色至深金色，透明度高，泡沫层浅薄但绵长。口感表现为辛辣的酒精味伴有顺滑的苦味，余味清爽。酒花香味适中，麦芽味和焦糖味也中等。酒精度一般为 5%~7.5%。

英式 IPA 含有轻微的酒花香和辛辣的酒花味，虽然苦味显著，但可以与酒精味完美融合在一起。美式 IPA 在美国啤酒花的作用下，产生强烈的柑橘味和酒花香。由于美式 IPA 苦味更重，所以比起英式 IPA 啤酒口感更为浓烈。

1. 英式印度淡色爱尔啤酒（表 8–9）

表 8–9　　英式印度淡色爱尔啤酒

要素	参考标准	要素	参考标准
麦汁原始比重	1.060	麦芽	淡色麦芽、水晶麦芽
预期最终比重	1.017	糖化	用时 1 h，温度 65℃
酒精度	5.7%	酒花	挑战者 7%，戈尔丁 5.5%
苦味值	60.1 IBU	酵母	灵伍德爱尔啤酒酵母 1187
色度	13 EBC	发酵	温度为 18℃，后熟期为 12℃以下，需 4 周

2. 美式印度淡色爱尔啤酒（表 8–10）

表 8–10　　美式印度淡色爱尔啤酒

要素	参考标准	要素	参考标准
麦汁原始比重	1.060	麦芽	淡色麦芽
预期最终比重	1.014	糖化	用时 1 h，温度 65℃
酒精度	6.2%	酒花	西楚 13.8%，锡姆科 13%
苦味值	55 IBU	酵母	美国爱尔混合啤酒酵母 WLP060
色度	10.6 EBC	发酵	温度为 18℃，后熟期为 12℃以下，需 6 周

3. 帝国印度淡色爱尔啤酒（表 8–11）

表 8–11　帝国印度淡色爱尔啤酒

要素	参考标准	要素	参考标准
麦汁原始比重	1.083	麦芽	淡色麦芽、巧克力麦芽、淡色水晶麦芽
预期最终比重	1.018	糖化	用时 1 h，温度 65℃
酒精度	8.6%	酒花	奇努克 13.3%, 锡姆科 13%，威拉米特 6.3%
苦味值	75 IBU	酵母	高浓度修道院啤酒酵母 3787
色度	24 EBC	发酵	温度为 20℃，后熟期为 12℃以下，需 12 周

（三）世涛啤酒

世涛啤酒为波特啤酒的近亲，最早被称为世涛波特啤酒，属于烈性更高的一种啤酒。这款啤酒酒体饱满，色泽深沉。

世涛啤酒外观呈现深棕色至墨黑色，有浓密乳脂般的红褐色泡沫层。口感表现为烘烤后的焦煳味，乳脂般顺滑的口感，酒花苦味低至中度。有烘烤咖啡的香气，偶有巧克力味，酒花味几近于无。酒精度一般为 4%~7%。

爱尔兰世涛啤酒是经典的干型世涛啤酒，其浓密如乳脂般的泡沫层相当有名。伦敦世涛啤酒比其他世涛啤酒的原麦汁浓度低，口感相当甜。美国世涛啤酒拥有浓郁的酒花苦味和香味。

1. 美国世涛啤酒（表 8–12）

表 8–12　美国世涛啤酒

要素	参考标准	要素	参考标准
麦汁原始比重	1.060	麦芽	淡色麦芽、慕尼黑麦芽、水晶麦芽、黑色麦芽
预期最终比重	1.010	糖化	用时 1 h，温度 65℃
酒精度	6.2%	酒花	奇努克 13.3%, 阿马里洛 5%
苦味值	39.9 IBU	酵母	加州爱尔啤酒酵母 WLPO01
色度	76.7 EBC	发酵	温度为 18℃，后熟期为 12℃以下，需 7 周

2. 咖啡世涛啤酒（表 8–13）

表 8–13　　咖啡世涛啤酒

要素	参考标准	要素	参考标准
麦汁原始比重	1.058	麦芽	淡色麦芽、巧克力麦芽、淡色水晶麦芽
预期最终比重	1.015	糖化	用时 1 h，温度 65℃
酒精度	5.7%	酒花	玛格努姆 16%，卡斯卡特 6.6%
苦味值	40.6 IBU	酵母	爱尔兰爱尔啤酒酵母 1084
色度	79.2 EBC	发酵	温度为 18℃，后熟期为 12℃以下，需 5 周

3. 牛奶世涛啤酒（表 8–14）

表 8–14　　牛奶世涛啤酒

要素	参考标准	要素	参考标准
麦汁原始比重	1.059	麦芽	淡色麦芽、巧克力麦芽、水晶麦芽、特种 B 级麦芽
预期最终比重	1.018	糖化	用时 1 h，温度 67℃
酒精度	5.2%	酒花	挑战者 7%，戈尔丁 5.5%
苦味值	25 IBU	酵母	伦敦爱尔啤酒Ⅲ型酵母 1318
色度	63.6 EBC	发酵	温度为 20℃，后熟期为 12℃以下，需 4 周

四、小麦啤酒的配方

小麦啤酒也称白啤酒，是由小麦芽通过发酵酿造而成的。这种类型的啤酒中，小麦在谷物中的使用量超过 50%，通常与淡色的麦芽混合在一起，因而酿出的啤酒干爽浑浊，不过多数风味和香气还是来自于使用的特定酵母。

小麦型酵母属于真正的上面发酵酵母，由于所有酵母都会浮到麦汁表面，所以会在发酵时产生大量泡沫。发酵温度偏高，可以产生复合的风味化合物及酯类，通常这种现象出现在其他啤酒类型中时会被视作缺陷。

独特的发酵和饮用方法使这款啤酒风格独树一帜。小麦啤酒通常需在酒瓶中进行后熟，适合冷饮，杀口力强。饮用时，轻轻晃动酵母沉淀物，以使酒体浑浊。

（一）德式白啤酒

德式白啤酒原产自巴伐利亚地区，与该地区的爱尔啤酒相比，这款啤酒在色泽上更浅。

德式白啤酒外观呈现浅稻草色至深金色，有浓密持久的泡沫层，饮用时常常浑浊。这款啤酒苦味很低，常有丁香味、香蕉味和香草味，有淡淡的酒花香，伴有柑橘、香蕉和丁香的味道，但不会太浓烈。酒精度一般为4.3%~5.6%。

1. 德式白啤酒（表 8–15）

表 8–15　　德式白啤酒

要素	参考标准	要素	参考标准
麦汁原始比重	1.050	麦芽	小麦麦芽、皮尔森麦芽
预期最终比重	1.012	糖化	用时 1 h，温度 65℃
酒精度	5%	酒花	哈拉道赫斯布鲁克 3.5%，萨兹 4.2%
苦味值	15.3 IBU	酵母	维森小麦啤酒酵母 3068
色度	6.3 EBC	发酵	温度为 22℃，后熟期为 12℃以下，需 3 周

2. 美国小麦啤酒（表 8–16）

表 8–16　　美国小麦啤酒

要素	参考标准	要素	参考标准
麦汁原始比重	1.058	麦芽	小麦麦芽、拉格麦芽、皮尔森焦糖麦芽
预期最终比重	1.013	糖化	用时 1 h，温度 67℃
酒精度	5.9%	酒花	哈拉道赫斯布鲁克 3.5%，萨兹 4.2%
苦味值	25 IBU	酵母	美国小麦啤酒酵母 1010
色度	9.1 EBC	发酵	温度为 18℃，后熟期为 12℃以下，需 3 周

（二）比利时白啤酒（表 8–17）

比利时白啤酒口感辛香，酒精度适中。比利时白啤酒一般会添加胡荽、橘皮以及其他香料和药草。外观呈现非常浅的稻草色，酒体浑浊，泡沫层浓密持久。口感表现为新鲜清爽、辛香略酸，带有橘子的果香味，酒花味和苦味低。花香迷人的酒花和辛辣的胡荽，使得这款啤酒风味既明显又微妙。酒精度一般为 4.5%~5.5%。

表 8–17　　比利时白啤酒

要素	参考标准	要素	参考标准
麦汁原始比重	1.045	麦芽	小麦麦芽、淡色麦芽
预期最终比重	1.011	糖化	用时 1 h，温度 65℃
酒精度	4.5%	酒花	萨兹 4.2%
苦味值	15.3 IBU	酵母	比利时白啤酒酵母 3944
色度	7.8 EBC	发酵	温度为 24℃，后熟期为 12℃以下，需 3 周

（三）深色小麦啤酒

深色小麦啤酒色泽异常深沉，与其他小麦啤酒相比，复合的麦芽特色更为出众。外观呈现琥珀色至深棕色，纯白的泡沫层相当持久。酒体浑浊，杀口力强。有香蕉味和丁香味，但烘烤麦芽带来的甜焦糖特色更占据主导。丁香和香蕉的风味适中，有较淡的顶级酒花香气。酒精度一般为 4.3%~5.6%。

德国深色小麦啤酒有明显的香蕉和丁香特色，并伴有焦糖麦芽的风味，略带欧洲顶级酒花的芳香。美国深色小麦啤酒与之相比，口味更强烈，酒花味更重，淡淡的麦芽风味通过柑橘酒花与相当中性的酵母味来进行补充。

1. 德国深色小麦啤酒（表 8–18）

表 8–18　　德国深色小麦啤酒

要素	参考标准	要素	参考标准
麦汁原始比重	1.056	麦芽	小麦麦芽、慕尼黑麦芽、慕尼黑焦糖麦芽、特种 B 级麦芽
预期最终比重	1.014	糖化	用时 1 h，温度 65℃
酒精度	5.6%	酒花	泰特昂 4.5%
苦味值	15.3 IBU	酵母	巴伐利亚小麦啤酒酵母 3056
色度	29.5 EBC	发酵	温度为 22℃，后熟期为 12℃以下，需 3 周

2. 深色小麦啤酒（表 8–19）

表 8–19　　深色小麦啤酒

要素	参考标准	要素	参考标准
麦汁原始比重	1.064	麦芽	小麦麦芽、维也纳麦芽、饼干麦芽、水晶小麦麦芽、特种 B 级麦芽
预期最终比重	1.015	糖化	用时 1 h，温度 65℃
酒精度	6.5%	酒花	玛格努姆 11%，威拉米特 6.3%
苦味值	44 IBU	酵母	科隆啤酒酵母 2565
色度	28.8 EBC	发酵	温度为 18℃，后熟期为 12℃以下，需 5 周

五、混合啤酒的配方

混合啤酒很难归类到拉格啤酒、爱尔啤酒或小麦啤酒之中，不过它们在酿造方法上还是有一定共性的。

混合啤酒通常结合了拉格啤酒和爱尔啤酒的发酵方法。比如，科隆啤酒就是像爱尔啤酒一样，使用上面发酵酵母进行酿造，但是在低温下进行后发酵，所以拥有类似拉格啤酒一样的纯净口味。与之相反，加州康芒啤酒虽采用拉格酵母，却在适宜于爱尔啤酒的较高温度下进行发酵。

对于那些富有创造力的酿酒师而言，药草啤酒、香料啤酒、水果啤酒甚至蔬菜啤酒都非常值得一试。在发酵初期结束后，将水果添加至发酵罐中，此时罐中的酒精可以减少细菌侵染的风险。如果将水果加到煮沸过程中，则会失去水果的特色。煮沸结束前几分钟加入药草和香料，可以使其风味得到释放。但如果煮的时间过长，其风味和香气则会挥发掉，变成苦味甚至发涩。药草和香料也可以在前发酵结束后直接添加到发酵罐中。对啤酒而言，药草、香料、水果或蔬菜要适量使用，它们带来的微妙风味才是最好的。

（一）淡色混合啤酒

淡色混合啤酒采用下面拉格发酵酵母，但在较高的温度下发酵，因而兼有爱尔啤酒饱满的酒体和拉格啤酒纯净的余味。

淡色混合啤酒外观大多颜色非常浅，如水晶般清透，白色泡沫层较为持久。口感大多纯净、苦味低、回味干爽。一般来说风味中性，麦芽味和酒花味低。酒精度一般为 3.8%~5.6%。

奶油爱尔啤酒是广受欢迎的淡色混合啤酒，味淡，口感纯净，且非常新鲜。科隆啤酒采用上面发酵酵母，味淡、酒花味重、酒体清澈。科隆啤酒受酒名保护，仅限德国科隆地区大约 20 家酿酒厂使用。

1. 奶油爱尔啤酒（表 8–20）

表 8–20　　奶油爱尔啤酒

要素	参考标准	要素	参考标准
麦汁原始比重	1.055	麦芽	淡色麦芽
预期最终比重	1.014	糖化	用时 1 h，温度 65℃
酒精度	5.5%	酒花	百周年 8.5%，胡德峰 4.5%
苦味值	19.8 IBU	酵母	加州爱尔啤酒酵母 2112
色度	9.6 EBC	发酵	温度为 18℃，后熟期为 12℃以下，需 3 周

2. 科隆啤酒（表 8–21）

表 8–21　　科隆啤酒

要素	参考标准	要素	参考标准
麦汁原始比重	1.046	麦芽	皮尔森麦芽、皮尔森焦糖麦芽
预期最终比重	1.011	糖化	用时 1 h，温度 65℃
酒精度	4.6%	酒花	斯派尔特精选 4.5%，泰特昂 4.5%
苦味值	25 IBU	酵母	科隆啤酒酵母 2565
色度	7.2 EBC	发酵	温度为 18℃，后熟期为 12℃以下，需 3 周

（二）琥珀色混合啤酒

琥珀色混合啤酒与淡色混合啤酒相似，因采用烘烤麦芽酿造，所以风味更为浓厚，也称苦啤酒。

琥珀色混合啤酒外观呈现浅棕色至深铜色，大多酒体清透，带有不错的泡沫层。苦味和麦芽味相当重，余味清爽。香味依品种而定，适中的酒花香伴有少许麦芽香气。酒精度一般为 4.5%~5.5%。

来自德国北部的老啤酒是经典的琥珀色混合啤酒，酒名表明酿造工艺比较传统，用爱尔酵母在低温下进行发酵。

1. 加州康芒啤酒（表 8–22）

表 8–22　　加州康芒啤酒

要素	参考标准	要素	参考标准
麦汁原始比重	1.052	麦芽	淡色麦芽、维也纳麦芽、水晶麦芽、巧克力麦芽
预期最终比重	1.016	糖化	用时 1 h，温度 65℃
酒精度	4.8%	酒花	北酿 8%
苦味值	40.5 IBU	酵母	加州爱尔啤酒酵母 2112
色度	21.8 EBC	发酵	温度为 18℃，后熟期为 12℃以下，需 5 周

2. 北德国老啤酒（表 8–23）

表 8–23 北德国老啤酒

要素	参考标准	要素	参考标准
麦汁原始比重	1.048	麦芽	皮尔森麦芽、淡色麦芽、慕尼黑焦糖麦芽、皮尔森焦糖麦芽、焙烤特种三型麦芽
预期最终比重	1.012	糖化	用时 1 h，温度 65℃
酒精度	4.8%	酒花	玛格努姆 11%
苦味值	34.9 IBU	酵母	德国爱尔啤酒酵母 1007
色度	26.5 EBC	发酵	温度为 12℃，后熟期为 3℃以下，需 7 周

3. 杜塞尔多夫老啤酒（表 8–24）

表 8–24 杜塞尔多夫老啤酒

要素	参考标准	要素	参考标准
麦汁原始比重	1.053	麦芽	皮尔森麦芽、淡色水晶麦芽、黑色麦芽
预期最终比重	1.013	糖化	用时 1 h，温度 65℃
酒精度	5.3%	酒花	斯派尔特精选 4.5%
苦味值	49.6 IBU	酵母	泰晤士河谷爱尔啤酒酵母 1275
色度	22.1 EBC	发酵	温度为 18℃，后熟期为 3℃以下，需 7 周

（三）药草和香料啤酒

药草和香料啤酒少量使用药草和香料，以尝试获取不同风味的啤酒。外观上大多酒体清透，色泽会根据所使用原料的颜色而发生变化。口感整体较干，略带药草和香草的味道。有淡淡的酒花香，不过仍以药草味为主。酒精度一般为 4%~6%。

1. 胡荽子酸橙香料啤酒（表 8–25）

表 8–25　　胡荽子酸橙香料啤酒

要素	参考标准	要素	参考标准
麦汁原始比重	1.050	麦芽	淡色麦芽、皮尔森焦糖麦芽、小麦麦芽
预期最终比重	1.011	糖化	用时 1 h，温度 65℃
酒精度	5.1%	酒花	玛格努姆 11%，利伯蒂 4.5%
苦味值	37.1 IBU	酵母	加州爱尔啤酒酵母 WLPO01
色度	9 EBC	发酵	温度为 18℃，后熟期为 12℃以下，需 2 周

干投博贝克、干碎的柠檬叶、千卡菲尔酸橙叶、磨碎的生姜。

2. 蜂蜜香料啤酒（表 8–26）

表 8–26　　蜂蜜香料啤酒

要素	参考标准	要素	参考标准
麦汁原始比重	1.051	麦芽	淡色麦芽
预期最终比重	1.009	糖化	用时 1 h，温度 65℃
酒精度	5.6%	酒花	哈拉道赫斯布鲁克 4.1%
苦味值	11.6 IBU	酵母	唯森小麦啤酒酵母 3068
色度	9.1 EBC	发酵	温度为 24℃，后熟期为 12℃以下，需 3 周

添加压碎的胡荽子、库索拉苦橙皮、蜂蜜。

3. 覆盆子小麦啤酒（表 8–27）

表 8–27　　覆盆子小麦啤酒

要素	参考标准	要素	参考标准
麦汁原始比重	1.050	麦芽	拉格麦芽、小麦麦芽
预期最终比重	1.012	糖化	用时 1 h，温度 65℃
酒精度	5.1%	酒花	挑战者 7%
苦味值	15.3 IBU	酵母	美国小麦啤酒酵母 1010
色度	7.2 EBC	发酵	温度为 22℃，后熟期为 12℃以下，需 2 周

覆盆子 2 天后投入，浸泡大约 1 周。

（四）果蔬啤酒

果蔬啤酒中添加水果和蔬菜可以释放醇厚的风味，使啤酒个性鲜明。外观上由于使用的水果或蔬菜而不同，不过大多略显浑浊。口感上所使用的特定水果或蔬菜风味占据主导，不过可以通过调整酒花的苦味予以些许调整。有淡淡的酒花香与麦芽香，与水果味或蔬菜味完美融合在一起。酒精度一般为 4%~6%。

1. 草莓啤酒（表 8–28）

表 8–28　　草莓啤酒

要素	参考标准	要素	参考标准
麦汁原始比重	1.044	麦芽	拉格麦芽、慕尼黑麦芽、小麦麦芽
预期最终比重	1.010	糖化	用时 1 h，温度 65℃
酒精度	4.4%	酒花	挑战者 7%， 西莉亚（施蒂里亚戈尔丁）5.5%
苦味值	18.4 IBU	酵母	加州爱尔啤酒酵母 WLPO01
色度	8 EBC	发酵	温度为 18℃，后熟期为 12℃以下，需 2 周

4 天后投入草莓，浸泡大约 1 周。

2. 猕猴桃小麦啤酒（表 8–29）

表 8–29　　猕猴桃小麦啤酒

要素	参考标准	要素	参考标准
麦汁原始比重	1.055	麦芽	拉格麦芽、小麦麦芽
预期最终比重	1.013	糖化	用时 1 h，温度 65℃
酒精度	5.5%	酒花	挑战者 7%， 西莉亚（施蒂里亚戈尔丁）5.5%
苦味值	22.4 IBU	酵母	禁果啤酒酵母 3463
色度	7.7 EBC	发酵	温度为 22℃，后熟期为 12℃以下，需 4 周

4 天后投入压碎的胡荽子和去皮切碎的猕猴桃，浸泡大约 1 周。

3. 南瓜啤酒（表 8–30）

表 8–30　　南瓜啤酒

要素	参考标准	要素	参考标准
麦汁原始比重	1.050	麦芽	淡色麦芽、慕尼黑麦芽、小麦麦芽、特种 B 级麦芽
预期最终比重	1.012	糖化	用时 1 h，温度 65℃
酒精度	5.2%	酒花	玛格努姆 16%，中早熟哈拉道 5%
苦味值	22.8 IBU	酵母	加州爱尔啤酒酵母 WLPOO1
色度	15.7 EBC	发酵	温度为 18℃，后熟期为 12℃以下，需 5 周

投入桂皮、生姜、香草荚、整朵丁香花。